石墨烯纳米材料修饰电极在食品分析中的应用研究

◎ 吴锁柱 著

中国农业科学技术出版社

图书在版编目（CIP）数据

石墨烯纳米材料修饰电极在食品分析中的应用研究 / 吴锁柱著 . —北京：中国农业科学技术出版社，2019. 10

ISBN 978-7-5116-4426-8

Ⅰ.①石…　Ⅱ.①吴…　Ⅲ.①石墨-纳米材料-化学修饰电极-应用-食品分析-研究　Ⅳ.①TS207. 3

中国版本图书馆 CIP 数据核字（2019）第 219335 号

责任编辑	金　迪　张诗瑶
责任校对	马广洋

出 版 者	中国农业科学技术出版社
	北京市中关村南大街 12 号　邮编：100081
电　　话	（010）82109194（编辑室）　（010）82109702（发行部）
	（010）82109709（读者服务部）
传　　真	（010）82106650
网　　址	http：//www.castp.cn
经 销 者	各地新华书店
印 刷 者	北京建宏印刷有限公司
开　　本	710mm×1 000mm　1/16
印　　张	10. 25
字　　数	184 千字
版　　次	2019 年 10 月第 1 版　2020 年 10 月第 2 次印刷
定　　价	60. 00 元

前　言

　　石墨烯是由单层碳原子以六角形蜂巢结构紧密堆积而成的一种二维碳纳米材料。这种特殊的结构赋予石墨烯纳米材料卓越的物理化学性质，如超大的比表面积，优良的导电性、导热性、柔韧性和生物相容性等。在过去的十几年中，石墨烯纳米材料吸引了大量材料、化学、物理、生物医药等领域科学家的研究兴趣，快速成为纳米材料科学领域一颗耀眼的新星。由于具有导电性好、比表面积大、易于功能化等优点，石墨烯纳米材料被广泛用来设计与制作化学修饰电极，除可以应用于燃料电池、太阳能电池、超级电容器、柔性显示屏、药物传递、生物成像、组织工程等方面外，还可以被广泛用于构建各种不同类型的电化学传感器和生物传感器，实现对无机离子、无机小分子、有机小分子和有机生物大分子等分析物的电化学分析。本书主要介绍基于石墨烯纳米材料修饰电极构建新型的电化学传感器，在此基础上，将构建的传感器用于食品中营养成分、有毒有害物质、添加剂等的分析检测，为食品质量控制、食品安全监管等提供技术支撑。

　　本书内容共分为五章：第一章为绪论，重点概述了近年来石墨烯纳米材料及其化学修饰电极的研究进展，简要介绍了食品分析的性质、作用、研究内容和检测方法；第二章为石墨烯纳米材料修饰电极电化学分析食品中营养成分的研究，主要基于石墨烯纳米材料修饰电极研究电化学测定食品中营养成分如矿物质元素碘元素和氟元素、糖类物质果糖和葡萄糖等的新型方法；第三章为石墨烯纳米材料修饰电极电化学分析食品中有毒有害物质的研究，主要基于石墨烯纳米材料修饰电极研究电化学检测食品中有毒有害物质如重金属元素镉元素和铅元素、兽药磺胺二甲基嘧啶等的新型方法；第四章为石墨烯纳米材料修饰电极电化学分析食品中添加剂的研究，主要基于石墨烯纳米材料修饰电极研究电化学分析食品中添加剂如甜味剂木糖醇、甘露糖醇和山梨糖醇，着色剂日落黄，加工助剂过氧化氢等的新型方法；第五章为结论与展望，主要对本书开展的具体研究工作进行了总结，并且对基于石墨烯纳米材料修饰电极的食品分析研究方向进行了展望。

作者近年来主要从事纳米材料化学修饰电极与食品分析方面的研究，本书是作者在精心整理自己多年来研究成果的基础上撰写而成的，内容涉及材料科学、分析化学、电分析化学、食品分析、食品理化检验学、食品安全检测技术、食品营养学和食品添加剂等多个学科，可以为上述学科领域的研究人员和其他相关人员提供参考。

本书开展的研究工作得到山西省高等学校科技创新项目（2015143）、山西省应用基础研究计划青年科技研究基金项目（201801D221064）、山西农业大学引进人才科研启动项目（2013YJ31）、山西农业大学科技创新基金项目（2014002）的资助与支持，在此一并表示衷心的感谢！

本书是作者多年来从事纳米材料化学修饰电极与食品分析研究方面的心血结晶，由于作者水平、经验有限，本书开展的研究工作尚不全面、也欠深入，书中难免会有错误和不妥之处，敬请广大读者批评指正。

吴锁柱

2019 年 7 月

目　　录

第一章 绪 论

第一节 石墨烯纳米材料

一、石墨烯纳米材料的发现与性质

2004 年，英国曼彻斯特大学的 Novoselov 等[1]首次采用机械剥离法从天然石墨中成功制备出石墨烯（Graphene）。石墨烯的发现，进一步充实了碳材料家族，并且在国内外引起了巨大的反响，成为备受瞩目的国际前沿和热点。石墨烯是由单层碳原子紧密堆积成蜂窝状晶格结构的一种新型的二维碳纳米材料（图 1-1）[1,2]。石墨烯是构成其他维度碳材料的基本单元。石墨烯不但可以通过包裹形成零维的富勒烯（Fullerenes），而且可以通过卷曲形成一维的碳纳米管（Carbon Nanotubes），还可以通过堆积形成三维的石墨（Graphite）。在石墨烯结构中，每个碳原子有 4 个价电子（2 个 2s 电子、2 个 2p 电子），其中 3 个电子（2s 电子、2px 电子、2py 电子）与邻近的碳原子以 sp² 杂化轨道形成 σ 键，剩余的 1 个未成键电子在垂直于碳原子层平面的 2pz 轨道上，且在所有组成共轭体系的碳原子之间运动形成离域大 π 键。这种特殊的结构赋予石墨烯纳米材料卓越的物理化学性质，例如，超大的比表面积（理想的单层石墨烯纳米材料可以达 2 630 m^2/g），优良的导电性、导热性、柔韧性和生物相容性等。因此，在过去的十几年中，石墨烯纳米材料吸引了大量材料、化学、物理、生物医药等领域科学家的研究兴趣，快速成为纳米材料科学领域一颗耀眼的新星。

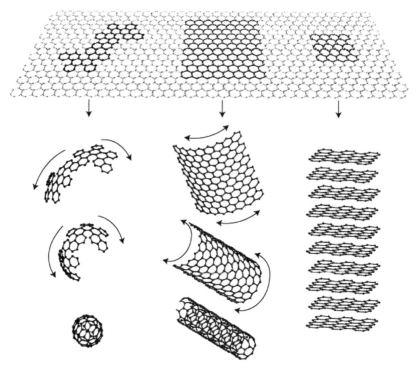

图 1-1　石墨烯及其包裹形成零维富勒烯、卷曲形成一维碳纳米管及堆积形成三维石墨的结构示意图[2]

二、石墨烯纳米材料的制备

石墨烯纳米材料的制备方法主要有机械剥离法、氧化石墨还原法、化学气相沉积法、晶体外延生长法等方法[3-6]。

机械剥离法主要采用机械力从新鲜的石墨晶体表面剥离出单层或多层石墨烯。这种方法是最早用来制备石墨烯纳米材料的方法，具有原料易得、操作简单、制备的石墨烯在外界环境下能稳定存在等优点，但存在制备的石墨烯薄片尺寸不易控制、产率较低、耗时长、不适宜大规模生产等缺陷[3,4,6]。

氧化石墨还原法一般采用无机强酸（如浓硫酸、浓硝酸等）处理石墨，将强酸小分子插入石墨层间，然后加入强氧化剂（如高锰酸钾、高氯酸钾等）对其进行氧化处理，得到具有大量含氧官能团的氧化石墨（Graphite Oxide），再通过强力超声或热力学膨胀将氧化石墨剥离成单层的氧化石墨烯（Graphene Oxide，图 1-2），利用化学还原法、热还原法、电化学还原法等方法将氧化石墨烯还原为石墨烯。这种方法制备的石墨烯纳米材料为独立的单层石墨烯片且制备成本低、产率较高，是目前最常用来制备石墨烯纳米材料的方法，但制备的产物存在晶格缺陷，使其导电性能下降[4-6]。此外，这一制备过程中获得的中间产物氧化石墨烯在结构上与石墨烯非常类似，只是在石墨烯纳米材料的二维结构表面上含有大量的羧基、羟基、环氧基等含氧官能团。

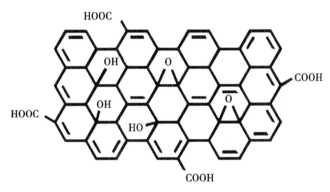

图1-2　氧化石墨烯的结构示意图[7]

化学气相沉积法是先在基底表面形成一层过渡金属薄膜作催化剂，以甲烷为碳源，经气相解离后在过渡金属薄膜表面形成石墨烯片层，然后利用酸液腐蚀金属薄膜得到石墨烯纳米材料。这种制备方法的最大优点在于可制备出大面积（可达平方厘米级）、高质量的石墨烯片，但需要高温条件、成本高、产率较低[4-6]。

晶体外延生长法一般通过加热 6H-SiC 单晶表面脱除 Si 制备石墨烯纳米材料，即首先将 6H-SiC 单晶的表面进行氧化或氢气刻蚀预处理，在高真空条件下加热至 1 000℃以除掉表面的氧化物，然后再升温至 1 250~1 450℃并恒温 10~20 min，即可得到厚度由温度控制的石墨烯薄片。这种制备方法条件苛刻（高温、高真空）、成本高、产率较低，且难以制备出大面积、厚度均一的石墨烯纳米材料[3,5,6]。

三、石墨烯纳米材料的功能化

结构完整的石墨烯纳米材料化学稳定性高，其表面呈惰性状态，与其他介质（如溶剂等）的相互作用较弱，而且石墨烯片与片之间具有较强的范德华力，很容易产生聚集沉淀，使其难以在水和常用的有机溶剂中分散，极大地限制了石墨烯纳米材料的研究和应用[5,8-12]。因此，为充分发挥石墨烯纳米材料的优良性质并进一步拓宽其研究和应用领域，通过对其进行有效的功能化，赋予其新的性质（如提高其分散性）显得尤为重要。石墨烯纳米材料的功能化就是利用其在制备过程中表面产生的缺陷和基团，采用共价键、非共价键、掺杂等方法使其表面的某些性质发生改变，更易于研究和应用[5]。

（一） 石墨烯纳米材料的共价键功能化

石墨烯纳米材料的共价键功能化主要通过石墨烯或其前体物（如氧化石墨烯）表面的活性碳碳双键或其他含氧基团（如羧基、羟基、环氧基等）与其他分子之间发生化学反应生成共价键来实现的。根据发生化学反应基团的不同，可以将这种功能化方法主要分为四类：碳骨架功能化、羧基功能化、羟基功能化、环氧基功能化[10]。例如，石墨烯或其前体物（如氧化石墨烯）可以通过与含碳碳双键的物质发生 Diels-Alder 环加成反应实现碳骨架功能化，可以通过与带氨基的物质发生脱水反应形成酰胺键实现羧基功能化，可以通过与含羧基的物质发生脱水反应形成酯实现羟基功能化，还可以通过与带氨基或巯基的有机分子发生亲核开环反应实现环氧基功能化等。目前，共价键功能化方法是研究最广泛的石墨烯纳米材料功能化方法，虽然赋予了石墨烯新的性质（如提高了其分散性），可以获得兼具有石墨烯性质和新引入基团性质的新型功能杂化材料，但同时也使其原有的本体结构遭到不同程度的破坏，对其优良性能造成了一定的影响。

（二） 石墨烯纳米材料的非共价键功能化

石墨烯纳米材料的非共价键功能化主要利用石墨烯或其前体物（如氧化石墨烯）表面的活性碳碳双键或其他含氧基团（如羧基、羟基、环氧基等）与其他分子之间发生 π-π 键相互作用、静电作用、氢键作用等非共价键作用来实现的。根据非共价键作用力的不同，可以将这种功能化方法分为π-π 键相互作用功能化、静电作用功能化、氢键作用功能化等类型[10]。例如，π-π 键相互作用功能化可以在石墨烯或其前体物（如氧化石墨烯）与同样具有共轭结构的小分子、聚合物之间实现，静电作用功能化可以在带电荷的石墨烯或其前体物（如氧化石墨烯）与其他带正电荷或带负电荷的分子之间产生静电作用实现，氢键作用功能化可以在石墨烯或其前体物（如氧化石墨烯）表面的含氧基团（如羧基、羟基等）与其他含氧、含氮、含氟等基团的分子之间产生氢键作用实现。由于各种非共价键作用力较弱、不稳定，非共价键功能化方法在改善石墨烯分散性的同时，对其原有的本体结构破坏程度较共价键功能化方法的破坏程度相对微弱，可以较好地保持石墨烯纳米材料原有的优良性能。近年来，关于石墨烯纳米材料非共价键功能化的研究日益受到关注。

（三）石墨烯纳米材料的掺杂功能化

石墨烯纳米材料的掺杂功能化一般采用离子轰击、退火热处理、电弧放电等方法在石墨烯结构中掺入不同的元素（如氮元素、硼元素、磷元素等）使石墨烯结构中形成空位缺陷和取代缺陷实现[10-12]。根据掺杂元素的不同，可以制备出氮掺杂石墨烯、硼掺杂石墨烯、磷掺杂石墨烯等类型的功能化材料。掺杂功能化方法使石墨烯纳米材料保持了其原有的本体结构，同时使其能带结构因元素掺杂发生改变，获得新的性能。

第二节　石墨烯纳米材料修饰电极

一、化学修饰电极概述

（一）化学修饰电极简介

化学修饰电极（Chemically Modified Electrodes）是利用化学或物理的方法，将具有优良化学性质的分子、离子或聚合物等材料固定在由导体或半导体制作的裸电极表面，形成具有预期功能的薄膜修饰电极[13-15]。1975 年化学修饰电极的问世，突破了传统电化学中仅限于研究裸电极-电解液界面的范围，丰富了电化学的电极材料，同时开创了从化学状态上人为控制电极表面结构的新领域[14]。通过对裸电极表面的化学修饰，使电极表面具有人为设计的微结构，可以实现催化、分离富集、分子识别、有机合成等效应和功能。

（二）化学修饰电极的制备

在过去的几十年中，化学修饰电极的研究受到国内外研究学者的广泛关注，已经成为当前电化学、电分析化学等领域的研究热点[14,16]。其中，化学修饰电极的制备是开展该研究方向的关键环节。这主要是由于制得的化学修饰电极的优劣直接对其活性、稳定性、重现性等方面造成影响。

化学修饰电极的制备主要涉及裸电极的预处理、裸电极的化学修饰两大步骤。裸电极的预处理指的是对裸电极进行化学修饰前，需要首先对裸电极的表面进行机械抛光、超声清洗等预处理，以获得清洁、新鲜的电极表面。然后，采用不同的方法对预处理后的裸电极进行化学修饰，制得化学修饰电极。目前，常用于裸电极的化学修饰方法主要有共价键合法、滴涂法、电化学法等方法[13]。

共价键合法是最早用来对裸电极表面进行化学修饰的方法。共价键合法是采用一定的方法在预处理过的裸电极表面引入键合基团，再通过化学键合反应使预定的官能团连接在裸电极的表面，制得化学修饰电极。共价键合法虽然可以成功制得化学修饰电极，但通常步骤繁琐、过程复杂、耗时长。

滴涂法是将一定体积的分散在适当溶剂中的材料滴涂于预处理过的裸电极表面，待溶剂挥发后成膜并且覆于裸电极的表面，制得化学修饰电极。用滴涂法制备化学修饰电极，虽然步骤简单，但形成的涂覆层容易脱落。

用于对裸电极进行化学修饰的电化学法主要有电化学沉积法、电化学聚合法等。电化学沉积法是将预处理过的裸电极浸入含有修饰材料或其前体物的溶液中，利用施加恒电位或恒电流的方式将修饰材料沉积到裸电极的表面，制备出覆有该材料薄膜的化学修饰电极。电化学聚合法主要用来制备由导电聚合物薄膜修饰的电极，是将预处理过的裸电极浸入含有聚合物单体的溶液中，利用此单体在裸电极的表面发生电化学氧化还原反应，进行氧化还原反应的同时在裸电极的表面发生聚合反应，形成的导电聚合物薄膜覆在裸电极的表面制得化学修饰电极。与共价键合法和滴涂法相比，电化学法制备的化学修饰电极具有操作简便、耗时短、易于控制修饰材料在电极表面厚度等优点[17-22]。

近些年来，随着纳米科学和纳米技术的快速发展，不断有新型的纳米材料和纳米技术被国内外研究者用于化学修饰电极的制备，为化学修饰电极的研究注入了新的活力，推动了电化学、电分析化学等领域的发展。

(三) 化学修饰电极的应用

化学修饰电极主要用于分析物的定量检测、反应机理的研究等方面[13-15]。化学修饰电极由于表面具有特殊功能的材料薄膜，改变了传统电极的表面特征，使电极反应的机理发生改变，同时使电极反应的速度加快，有望提高电极反应的可逆性、分析物的富集分离效率及检测的灵敏度和选择性。采用化学修饰电极可以制作各种类型的电化学传感器和电化学生物传感器，通过分析物在化学修饰电极表面的选择性共价键合、螯合、离子交换、电催化氧化还原等行为，实现对分析物的富集分离、电化学传感检测。基于化学修饰电极的电化学检测技术由于具有选择性好、灵敏度高、分析速度快、易于实现微型化等优点，可以与高效液相色谱、流动注射分析、毛细管电泳、微流控芯片等技术联用，实现对流动体系中分析物的电化学检测。近些年来，金属纳米、导电聚合物、富勒烯、碳纳米管、量子点等各种材料及其复合材料被国内外研究者用来制备化学修饰电极，基于化学修饰电极的电化学技术已经广泛应用于医药、能源、材料、生命科学、环境保护等领域的研究[16,23-30]。

二、石墨烯纳米材料修饰电极的制备

由于具有超大的比表面积、优良的导电性等物理化学性质，采用石墨烯纳米材料制备的化学修饰电极呈现出电化学窗口宽、电荷传递电阻小、电子转移速率快、电催化活性高、电化学稳定性好等优异的电化学性能[31,32]。

用来制备化学修饰电极的石墨烯纳米材料通常采用改进的 Hummers 法[33]这种化学方法制得。具体地，首先，将天然石墨用硫酸、硝酸等化学试剂及高锰酸钾、过氧化氢等氧化剂进行氧化得到具有大量含氧官能团的氧化石墨。然后，采用超声处理等剥离方法将具有大量含氧官能团的氧化石墨分散在水溶液或有机溶液中，得到氧化石墨烯。最后，采用化学法、电化学法等方法将氧化石墨烯还原得到石墨烯纳米材料。这种制备过程中的中间产物氧化石墨烯在结构上与石墨烯纳米材料非常类似，只是在其二维结构表面上含有大量的羧基、羟基、环氧基等含氧集团。这些含氧基团使氧化石墨烯具有良好的水溶性，可以制得均匀分散的胶体溶液。由于石墨烯在溶液中容易发生团聚，这使得它在实际中的直接应用受到很大的限制。因此，具有良好的水溶性而且制备简单、易得的氧化石墨烯常常作为石墨烯的前驱体进行使用。但是，氧化石墨烯结构中的大量含氧基团使其制备的化学修饰电极在导电性方面较石墨烯纳米材料修饰电极的导电性有所下降，不利于实现对分析物的高灵敏电化学传感检测。值得庆幸的是，通过对氧化石墨烯结构中的含氧基团进行还原、功能化改性等处理可以提高其修饰电极的导电性能及电化学分析性能[31,32]。此外，也可以将石墨烯或氧化石墨烯与其他材料复合制备石墨烯纳米复合材料修饰电极，进一步提高其电催化活性和电化学传感性能。

在制备石墨烯纳米材料化学修饰电极时，需要首先对裸电极进行预处理，即需要首先对裸电极的表面进行机械抛光、超声清洗等预处理，获得清洁、新鲜的裸电极表面。然后，采用共价键合法、滴涂法、电化学法等方法对预处理后的裸电极进行化学修饰石墨烯纳米材料，制得石墨烯纳米材料化学修饰电极。石墨烯纳米材料制备的化学修饰电极主要包括本征石墨烯纳米材料修饰电极、石墨烯-金属纳米复合材料修饰电极、石墨烯-金属氧化物纳米复合材料修饰电极、石墨烯-导电聚合物纳米复合材料修饰电极、石墨烯-金属-导电聚合物纳米复合材料修饰电极、石墨烯-金属氧化物-导电聚合物纳米复合材料修饰电极等类型。

本征石墨烯纳米材料修饰电极包括氧化石墨烯纳米材料修饰电极、石墨烯纳米材料修饰电极、掺杂石墨烯纳米材料修饰电极等类型。氧化石墨烯是制备石墨烯纳米材料的前驱体，其结构表面上含有大量的羧基、羟基、环氧基等含氧官能团。通常先将氧化石墨烯通过物理方法或化学方法涂覆在裸电极的表面，制得氧化石墨烯纳米材料修饰电极。然后，在一定的电解质溶液中，将修饰在电极表面的氧化石墨烯通过热还原、电化学还原等方法制得石墨烯纳米材料修饰电极。此外，也可以在含有氧化石墨烯的电解质溶液中，通过电化学还原的方法直接制得石墨烯纳米材料修饰电极。氧化石墨烯经过不同的方法还原后，其结构表面上的含氧官能团会减少，得到的本征石墨烯纳米材料修饰电极的电荷传输性能增加，表现出对分析物更明显的电催化作用，实现对分析物更灵敏的检测[31]。采用离子轰击、退火热处理、电弧放电等方法掺杂石墨烯纳米材料，可以改变石墨烯纳米材料的能带结构和理化性质，将其涂覆在裸电极的表面，可以制得掺杂石墨烯纳米材料修饰电极。目前，研究较多的掺杂石墨烯纳米材料修饰电极有氮掺杂石墨烯纳米材料修饰电极、硼掺杂石墨烯纳米材料修饰电极等类型。由于通过掺杂改变了石墨烯纳米材料的能带结构和理化性质，掺杂石墨烯纳米材料修饰电极可以有效促进分析物在电极表面的电催化氧化或还原反应，获得较普通石墨烯纳米材料修饰电极更明显的氧化峰或还原峰电流信号[31]。

石墨烯-金属纳米复合材料修饰电极一般采用物理方法或化学方法逐步将石墨烯纳米材料、金属纳米材料依次修饰在裸电极的表面上制备，或者采用一定的方法将石墨烯纳米材料、金属纳米材料一起同步修饰在裸电极的表面上制备。目前，制备的石墨烯-金属纳米复合材料修饰电极主要包括石墨烯-金纳米复合材料修饰电极、石墨烯-银纳米复合材料修饰电极、石墨烯-铂纳米复合材料修饰电极、石墨烯-钯纳米复合材料修饰电极、石墨烯-镍纳米复合材料修饰电极、石墨烯-钴纳米复合材料修饰电极等类型[31,32]。将各种不同的金属纳米粒子引入本征石墨烯纳米材料修饰电极，既可以克服本征石墨烯纳米材料修饰电极在容易团聚、不易加工成型等方面的缺陷，还可以增大化学修饰电极的比表面积、提高化学修饰电极的导电性能，实现对分析物更明显的电催化作用。

石墨烯-金属氧化物纳米复合材料修饰电极通常采用物理方法或化学方法逐步将石墨烯纳米材料、金属氧化物纳米材料依次修饰在裸电极的表面上制备，或者采用一定的方法将石墨烯纳米材料、金属氧化物纳米材料一起同步修饰在裸电极的表面上制备。目前，制备的石墨烯-金属氧化物纳米复合材料修饰电极主要有石墨烯-二氧化钛纳米复合材料修饰电极、石墨烯-氧化锌纳米复合材料修饰电极、石墨烯-二氧化锡纳米复合材料修饰电极等类型[31,32]。由于这些金属氧化物纳米粒子在酸性条件和氧化环境中表现出优异的稳定性，将其与石墨烯纳米材料进行复合或功能化制备石墨烯-金属氧化物纳米复合材料修饰电极，可以提高修饰电极的电化学性能。

石墨烯-导电聚合物纳米复合材料修饰电极通常采用物理方法或化学方法逐步将石墨烯纳米材料、导电聚合物纳米材料依次修饰在裸电极的表面上制备，或者采用一定的方法将石墨烯纳米材料、导电聚合物纳米材料一起同步修饰在裸电极的表面上制备。目前，制备的石墨烯-导电聚合物纳米复合材料修饰电极主要有石墨烯-聚吡咯纳米复合材料修饰电极、石墨烯-聚苯胺纳米复合材料修饰电极、石墨烯-聚（3,4-乙烯二氧噻吩）纳米复合材料修饰电极等类型[31,32]。由于导电聚合物纳米材料与石墨烯纳米材料在导电性、电催化活性、机械强度等方面的性能互补，将两者进行有效的复合可以充分发挥其协同作用。

此外，还可以在上述石墨烯-金属纳米复合材料修饰电极、石墨烯-金属氧化物纳米复合材料修饰电极、石墨烯-导电聚合物纳米复合材料修饰电极等二元纳米复合材料修饰电极的基础上，采用类似的方法制备三元或更多元纳米复合材料修饰电极，如石墨烯-金属-导电聚合物纳米复合材料修饰电极、石墨烯-金属氧化物-导电聚合物纳米复合材料修饰电极等，进一步提高修饰电极的电化学性能。

三、石墨烯纳米材料修饰电极的表征

通过利用各种表面分析技术对化学修饰电极进行表征，可以跟踪电极表

面的修饰过程，确认具有优良化学性质的分子、离子或聚合物等材料是否已经成功修饰在裸电极的表面，了解成功修饰在裸电极表面材料的微观结构、组成、状态、反应性能等信息[13,14]。

目前，常用于石墨烯纳米材料化学修饰电极表征的方法主要有电镜法、电化学法、光谱电化学法、石英晶体微天平法、现场 X 射线衍射法等方法。

电镜法利用扫描电子显微镜、透射电子显微镜、场电子显微镜和扫描电化学显微镜等显微技术研究石墨烯纳米材料化学修饰电极的表面形貌特征。

电化学法采用循环伏安法、电化学交流阻抗法、计时电流法等方法研究石墨烯纳米材料化学修饰电极表面发生电化学反应的电荷转移特征及反应过程。

光谱电化学法是将电化学和光谱学相结合，同时获得石墨烯纳米材料化学修饰电极表面发生电化学反应过程中的电化学信息和光谱信息，借助这些电化学信息和光谱信息对石墨烯纳米材料化学修饰电极表面特性、电极反应机理等进行研究。

石英晶体微天平法通过测量石墨烯纳米材料化学修饰电极表面的质量、电流、电量随电位的变化关系，提供直观的石墨烯纳米材料化学修饰电极表面质量变化特征，研究石墨烯纳米材料化学修饰电极的成核、生长等形成过程，了解膜内物质传输等信息。

现场 X 射线衍射法可以提供石墨烯纳米材料化学修饰电极表面发生氧化还原过程中的键长变化、配位数变化等结构信息。

将多种不同的表征方法相互配合，可以从不同的角度反映出石墨烯纳米材料化学修饰电极的各种信息，获得对石墨烯纳米材料化学修饰电极更详细、更精确的认识。而且，随着表面科学的不断发展及各种新型表面分析技术的出现，研究者对石墨烯纳米材料化学修饰电极的认识将更深入、更全面。

四、石墨烯纳米材料修饰电极在电化学分析中的应用

石墨烯纳米材料由于具有卓越的物理化学性质，快速成为纳米材料科学领域最为耀眼的一颗新星，在制备化学修饰电极方面备受国内外研究者的青睐。目前，石墨烯纳米材料化学修饰电极已经广泛应用于燃料电池、太阳能电池、超级电容器、柔性显示屏、传感器、药物传递、生物成像、组织工程等方面[2,25,34-43]。本文将重点介绍石墨烯纳米材料化学修饰电极在电化学

分析中的应用。

2009 年,中国科学院长春应用化学研究所董邵俊课题组[44]和牛利课题组[45]率先在国内外开展了石墨烯纳米材料化学修饰电极的相关研究。由于具有比表面积大、吸附性强、导电性好、电化学窗口宽、电子转移速度快、电催化活性高、生物兼容性好等优点,石墨烯纳米材料化学修饰电极快速发展成为一种理想的化学修饰电极[31,32,46]。而且,石墨烯纳米材料化学修饰电极在制作电化学传感和电化学生物传感平台方面日益受到国内外研究者的重视,广泛应用于无机离子、无机小分子、有机小分子、有机生物大分子等分析物的电化学分析。

(一) 石墨烯纳米材料化学修饰电极在电化学分析无机离子和无机小分子中的应用

石墨烯纳米材料化学修饰电极保留了石墨烯纳米材料比表面积大、吸附性强等性质,可以对无机阳离子、无机阴离子、无机小分子表现出较强的富集性能,加速这些分析物在石墨烯纳米材料化学修饰电极界面上的电子转移。目前,已经有多种类型的石墨烯纳米材料化学修饰电极用于铅离子、镉离子、汞离子、铜离子、锌离子、砷离子、氟离子、氰根离子、亚硝酸根离子、亚硫酸根离子、碘酸根离子等无机阳离子和无机阴离子及过氧化氢、氢气、氧气、氨气、二氧化氮、一氧化碳等无机小分子的电化学检测[4,6,32,36,37,44,46-53]。

(二) 石墨烯纳米材料化学修饰电极在电化学分析有机小分子中的应用

石墨烯纳米材料化学修饰电极继承了石墨烯纳米材料比表面积大、吸附性强、π电子共轭结构、疏水性强等优良性质,可以增强其对有机小分子的作用力,提高这些分析物在石墨烯纳米材料化学修饰电极的电催化氧化还原信号。目前,已有多种类型的石墨烯纳米材料化学修饰电极用于葡萄糖、乳糖、果糖、多巴胺、乙酰胆碱、肾上腺素、甲氧基肾上腺素、抗坏血酸、烟酰胺腺嘌呤二核苷酸 (NADH)、尿酸、酪氨酸、色氨酸、半胱氨酸、胆固醇、尿素、三磷酸腺苷 (ATP)、左旋多巴、甲氨蝶呤、芦丁、扑热息痛、阿魏酸、甲硫哒嗪、乙酰氨基酚、甲醇、乙醇、邻苯二酚、间苯二酚、对苯二酚、双酚 A、对氨基苯酚、三硝基甲苯 (TNT)、二硝基甲苯 (DNT)、甲基对硫磷、氨基甲酸酯、辛硫磷、己烯雌酚、三聚氰胺、克伦特罗、苏丹红、黄曲霉毒素 B_1、咖啡因、香兰素等有机小分子的电化学检测[4,6,31,32,36,37,44,46,48,53-56]。

（三）石墨烯纳米材料化学修饰电极在电化学分析有机生物大分子中的应用

利用石墨烯纳米材料化学修饰电极比表面积大、吸附性强、π电子共轭结构、疏水性强等优良性质，通过物理吸附、化学偶联等方式将其与有机生物大分子结合，可以构筑相应的电化学生物传感平台和装置，实现对各种蛋白质（如细胞色素C、肌红蛋白、血红蛋白）、DNA（如与疾病相关的特定基因序列或突变基因）、细菌（如沙门氏菌、大肠杆菌）和细胞（如肿瘤细胞、癌细胞）等的电化学检测[4,6,31,32,36,37,44,56-59]。

随着各种新的合成技术和新方法的不断涌现，研究者有望制作出结构更优异、性能更优良的石墨烯纳米材料，进一步制备出电化学性能更佳的石墨烯纳米材料化学修饰电极，实现对分析物更灵敏、更准确的电化学分析。随着研究者对石墨烯纳米材料认识的不断加深及研究的不断深入，石墨烯纳米材料化学修饰电极在电化学分析中的应用范围将越来越宽。

第三节　食品分析

一、食品分析的性质与作用

食品分析是建立在分析化学、现代仪器分析、有机化学和无机化学等学科基础上的一门综合性学科。食品分析根据物理、化学和生物化学等学科的基本理论，运用物理检测、化学分析、仪器分析等技术手段，利用各种不同的技术，依据制定的各种检验检测标准，对食品工业中的原料、辅料、半成品和成品等物料进行成分检测和质量检验[60]。

食品分析贯穿于食品的研发、生产、加工、包装、储藏、运输和销售的全过程中，是保障食品质量安全及其生产销售过程中质量控制的重要环节，为消费者、生产企业和政府的监督管理部门提供准确、可靠的分析数据，既有利于大众消费者对食品做出正确的判断与取舍，又有利于生产企业更好地进行新产品、新工艺和新技术的研发，还有利于政府的相关部门管理和监控食品企业进行合法合规的生产。

二、食品分析的研究内容

食品分析的研究内容比较广泛、分析项目较多，主要包括食品感官分析、食品中营养成分分析、食品中有毒有害物质分析、食品中添加剂分析、食品中色素物质分析和食品中香气物质分析等[60]。

食品感官分析包括食品的色泽、香味、滋味、形状、质地和口感等方面的评价分析。

食品中营养成分分析包括水分分析（如水分含量、水分活度等的测定），矿物质元素分析（如钙、铁、锌、硒、氟、碘等的测定），维生素分析（如维生素 A、维生素 D、维生素 E、维生素 B_1、维生素 C 等的测定），氨基酸、肽和蛋白质分析（如氨基酸总量、个别氨基酸、生物活性肽、各种蛋白质等的测定），糖类物质分析（如可溶性糖类、淀粉、纤维素、果胶等的测定），脂类物质分析（如脂类物质总量及脂类物质的过氧化值、酸价、碘价、脂肪酸组成等的测定）等。

食品中有毒有害物质分析包括农药残留分析（如有机磷农药、有机氯农药、除草剂等的测定）、兽药残留分析（如四环素类兽药、磺胺类兽药等的测定）、重金属分析（如铅、镉、汞、砷等的测定）、细菌毒素分析（如沙门氏菌毒素、葡萄球菌肠毒素、肉毒杆菌毒素等的测定）、霉菌毒素分析（如黄曲霉毒素、杂色曲霉素、环氯素、黄天精、玉米赤霉烯酮等的测定）、天然毒素分析（如凝集素、氰苷、皂苷、棉酚、组胺、河豚毒素、贝类毒素等的测定）、加工过程中形成的有害物质分析（如 N-亚硝基化合物、多环芳烃等的测定）、非法添加的有毒有害物质分析（如苏丹红、三聚氰胺、盐酸克伦特罗等的测定）等。

食品中添加剂分析包括防腐剂分析（如苯甲酸、山梨酸及其盐等的测定）、发色剂分析（如亚硝酸盐、硝酸盐等的测定）、漂白剂分析（如二氧化硫、亚硫酸盐等的测定）、甜味剂分析（如糖精、糖精钠等的测定）、抗氧化剂分析（如丁基羟基茴香醚 BHA、二丁基羟基甲苯 BHT、没食子酸丙酯 PG 等的测定）、着色剂分析（如日落黄、柠檬黄、苋菜红、胭脂红、赤藓红、新红、靛蓝、亮蓝等的测定）和品质改良剂分析（如总磷酸盐、焦磷酸盐、游离磷酸盐、结合磷等的测定）等。

食品中色素物质分析包括四吡咯类色素分析（如叶绿素、血红素等的测定）、异戊二烯类色素分析（如 α-胡萝卜素、β-胡萝卜素、γ-胡萝卜素、番茄红素、叶黄素等类胡萝卜素的测定）和多酚类色素分析（如花青素、类黄酮色素、儿茶素、单宁等的测定）等。

食品中香气物质分析包括食品中各种挥发性化合物如醇类、醛类、酮类、酸类、胺类、酯类和萜烯类等物质的分析。

三、食品分析的检测方法

食品分析的检测方法主要包括四大类：感官评定分析法、物理分析法、化学分析法、仪器分析法[60]。

食品的感官评定分析法主要依靠检验者的眼睛、鼻子、舌头、耳朵、皮肤等感觉器官的感觉，结合职业工作的实践经验，并且借助一定的器具对食品的色泽、气味、滋味、质地、形状、组织结构等质量属性及卫生状况进行判定和客观评价，也称为感官评价或感官检验。这种分析方法尽管只能检验产品的外观质量、容易受个人实践经验的影响、结果无法直接用精确的数据表达，但是它具有简便易行、成本低、快速等优点。感官评定分析法是食品质量鉴定的重要内容之一，具有物理分析法、化学分析法和仪器分析法不可替代的作用。

食品的物理分析法根据食品的密度、旋光度、折光率等物理指标与食品的组成成分和含量之间的关系进行检测，在此基础上判断被检测食品的组成和纯度。例如，采用密度法可以判断白酒中乙醇的含量。这种分析方法操作简单、快捷，非常适合现场检测。

食品的化学分析法是以食品中各种组成成分之间发生的化学反应为基础的分析方法。它既包括定性分析，也包括定量分析。定性分析用于确定食品中是否存在某种组成成分，定量分析用于确定食品中某种组成组分的准确含量。这种分析方法具有一套完整的分析理论、便于计算、在常量分析的范围内结果准确度高、仪器设备相对简单，是进行常规食品分析的主要方法。

食品的仪器分析法是在食品组成成分的物理性质和化学性质的基础上，依靠分光光度计、红外光谱仪、色谱仪、质谱仪、电化学分析仪等各种专用仪器建立的精密分析方法。这种分析方法具有分析速度快、灵敏度高、准确度高、自动化程度高、可以对食品的多种组成成分同时进行测定等优点，但仪器和试剂耗材价格较高。这种分析方法特别适合用于食品中微量组成成分、含量很低的有毒有害成分的测定，在食品质量与安全的管理和监控过程中发挥着越来越重要的作用。

食品分析的检测方法有多种多样，在具体的实践过程中，需要综合考虑被检测食品的数量、分析时间长短、对分析结果准确度和精密度的要求、实验室的仪器设备条件等各种因素，选择合适、简便、快速的分析检测方法。

参考文献

[1] Novoselov K S, Geim A K, Morozov S V, et al. Electric field effect in atomically thin carbon films[J]. Science, 2004, 306：666-669.

[2] Geim A K, Novoselov K S. The rise of graphene[J]. Nature Materials, 2007, 6：183-191.

[3] 袁小亚. 石墨烯的制备研究进展[J]. 无机材料学报, 2011, 26：561-570.

[4] 黄海平, 朱俊杰. 新型碳材料——石墨烯的制备及其在电化学中的应用[J]. 分析化学, 2011, 39：963-971.

[5] 胡耀娟, 金娟, 张卉, 等. 石墨烯的制备、功能化及在化学中的应用[J]. 物理化学学报, 2010, 26：2073-2086.

[6] Chen D, Tang L H, Li J H.Graphene-based materials in electrochemistry[J]. Chemical Society Reviews, 2010, 39：3157-3180.

[7] Wang Q, Kaminska I, Niedziolka-Jonsson J, et al. Sensitive sugar detection using 4-aminophenylboronic acid modified graphene[J]. Biosensors & Bioelectronics, 2013, 50：331-337.

[8] 黄毅, 陈永胜. 石墨烯的功能化及其相关应用[J]. 中国科学（B辑：化学）, 2009, 39：887-896.

[9] 范彦如, 赵宗彬, 万武波, 等. 石墨烯非共价键功能化及应用研究进展[J]. 化工进展, 2011, 30：1509-1520.

[10] 黄国家, 陈志刚, 李茂东, 等. 石墨烯和氧化石墨烯的表面功能化改性[J]. 化学学报, 2016, 74：789-799.

[11] 张芸秋, 梁勇明, 周建新. 石墨烯掺杂的研究进展[J]. 化学学报, 2014, 72：367-377.

[12] 胡荣炎, 贾昆鹏, 陈阳, 等. 石墨烯掺杂研究进展[J]. 微纳电子技术, 2015, 52：692-700.

[13] 科普中国. 化学修饰电极[EB/OL]. https://baike.baidu.com/

item/化学修饰电极.

[14] 董绍俊，车广礼，谢远武. 化学修饰电极（修订版）[M]. 北京：科学出版社，2003.

[15] 金利通，仝威，徐金瑞，等. 化学修饰电极[M]. 上海：华东师范大学出版社，1992.

[16] Baig N, Sajid M, Saleh T A. Recent trends in nanomaterial-modified electrodes for electroanalytical applications[J]. TrAC Trends in Analytical Chemistry, 2019, 111：47-61.

[17] Nia P M, Woi P M, Alias Y. Facile one-step electrochemical deposition of copper nanoparticles and reduced graphene oxide as nonenzymatic hydrogen peroxide sensor[J]. Applied Surface Science, 2017, 413：56-65.

[18] Wang F, Wu Y, Lu K, et al. A simple, rapid and green method based on pulsed potentiostatic electrodeposition of reduced graphene oxide on glass carbon electrode for sensitive voltammetric detection of sophoridine[J]. Electrochimica Acta, 2014, 141：82-88.

[19] Li Z, Sun X, Xia Q, et al. Green and controllable strategy to fabricate well-dispersed graphene-gold nanocomposite film as sensing materials for the detection of hydroquinone and resorcinol with electrodeposition[J]. Electrochimica Acta, 2012, 85：42-48.

[20] Chen L, Tang Y, Wang K, et al. Direct electrodeposition of reduced graphene oxide on glassy carbon electrode and its electrochemical application[J]. Electrochemistry Communications, 2011, 13：133-137.

[21] Han H T, Pan D W, Wang C C, et al. Controlled synthesis of dendritic gold nanostructures by graphene oxide and their morphology-dependent performance for iron detection in coastal waters[J]. Rsc Advances, 2017, 7：15833-15841.

[22] Liu X J, Long L, Yang W X, et al. Facilely electrodeposited coral-like copper micro-/nano-structure arrays with excellent performance in glucose sensing[J]. Sensors and Actuators B：Chemical, 2018, 266：853-860.

[23] Pisoschi A M, Pop A, Serban A I, et al. Electrochemical methods

for ascorbic acid determination[J]. Electrochimica Acta, 2014, 121: 443-460.

[24] Wang B Z, Anzai J. Recent progress in electrochemical HbA1c sensors: A review[J]. Materials, 2015, 8: 1187-1203.

[25] Mahmoudi T, Wang Y, Hahn Y-B. Graphene and its derivatives for solar cells application[J]. Nano Energy, 2018, 47: 51-65.

[26] Huang X, Zeng Z Y, Fan Z X, et al. Graphene-based electrodes[J]. Advanced Materials, 2012, 24: 5979-6004.

[27] Zhu G, Yi Y, Chen J. Recent advances for cyclodextrin-based materials in electrochemical sensing[J]. TrAC Trends in Analytical Chemistry, 2016, 80: 232-241.

[28] Janáky C, Visy C. Conducting polymer-based hybrid assemblies for electrochemical sensing: a materials science perspective[J]. Analytical & Bioanalytical Chemistry, 2013, 405: 3489-3511.

[29] Tian K, Prestgard M, Tiwari A. A review of recent advances in non-enzymatic glucose sensors[J]. Materials Science and Engineering: C, 2014, 41: 100-118.

[30] Lu Y Y, Liang X Q, Niyungeko C, et al. A review of the identification and detection of heavy metal ions in the environment by voltammetry[J]. Talanta, 2018, 178: 324-338.

[31] 于小雯, 盛凯旋, 陈骥, 等. 基于石墨烯修饰电极的电化学生物传感[J]. 化学学报, 2014, 72: 319-332.

[32] 饶红红, 薛中华, 王雪梅, 等. 基于电化学还原氧化石墨烯的电化学传感[J]. 化学进展, 2016, 28: 337-352.

[33] Hummers W S, Offeman R E. Preparation of graphitic oxide[J]. Journal of the American Chemical Society, 1958, 80: 1339-1339.

[34] Park S, Ruoff R S. Chemical methods for the production of graphenes[J]. Nature Nanotechnology, 2009, 4: 217-224.

[35] Pumera M. Graphene-based nanomaterials and their electrochemistry[J]. Chemical Society Reviews, 2010, 39: 4146-4157.

[36] Shao Y, Wang J, Wu H, et al. Graphene based electrochemical sensors and biosensors: A review [J]. Electroanalysis, 2010, 22:

1027-1036.

[37] Kuila T, Bose S, Khanra P, et al. Recent advances in graphene-based biosensors [J]. Biosensors & Bioelectronics, 2011, 26: 4637-4648.

[38] Zhao H, Ding R, Zhao X, et al. Graphene-based nanomaterials for drug and/or gene delivery, bioimaging, and tissue engineering [J]. Drug Discovery Today, 2017, 22: 1302-1317.

[39] Lei W, Si W, Xu Y, et al. Conducting polymer composites with graphene for use in chemical sensors and biosensors [J]. Microchimica Acta, 2014, 181: 707-722.

[40] Wu S, He Q, Tan C, et al. Graphene-based electrochemical sensors [J]. Small, 2013, 9: 1160-1172.

[41] Chang J, Zhou G, Christensen E R, et al. Graphene-based sensors for detection of heavy metals in water: a review [J]. Analytical and Bioanalytical Chemistry, 2014, 406: 3957-3975.

[42] Chen Y, Wang J, Liu Z-M. Graphene and its derivative-based biosensing systems [J]. Chinese Journal of Analytical Chemistry, 2012, 40: 1772-1779.

[43] 张熊, 马衍伟. 电化学超级电容器电极材料的研究进展 [J]. 物理, 2011, 40: 656-663.

[44] Zhou M, Zhai Y M, Dong S J. Electrochemical sensing and biosensing platform based on chemically reduced graphene oxide [J]. Analytical Chemistry, 2009, 81: 5603-5613.

[45] Shan C S, Yang H F, Song J F, et al. Direct electrochemistry of glucose oxidase and biosensing for glucose based on graphene [J]. Analytical Chemistry, 2009, 81: 2378-2382.

[46] 韩璐. 石墨烯修饰电极在食品分析中的应用 [J]. 化学传感器, 2016, 36: 17-20.

[47] 刘晓鹏, 贺全国, 刘军, 等. 石墨烯复合材料在电化学检测食品中亚硝酸盐的研究进展 [J]. 食品科学, 2018, 39: 337-345.

[48] 张静, 马兴, 张海滨, 等. 基于石墨烯的电化学传感器在食品安全检测中的应用 [J]. 食品安全质量检测学报, 2015, 6:

387-390.

[49] Mejri A, Mars A, Elfil H, et al. Graphene nanosheets modified with curcumin-decorated manganese dioxide for ultrasensitive potentiometric sensing of mercury(Ⅱ), fluoride and cyanide[J]. Microchimica Acta, 2018, 185.

[50] Chaiyo S, Mehmeti E, Zagar K, et al. Electrochemical sensors for the simultaneous determination of zinc, cadmium and lead using a Nafion/ionic liquid/graphene composite modified screen - printed carbon electrode[J]. Analytica Chimica Acta, 2016, 918: 26-34.

[51] Chen J, Zhao L, Bai H, et al. Electrochemical detection of dioxygen and hydrogen peroxide by hemin immobilized on chemically converted graphene[J]. Journal of Electroanalytical Chemistry, 2011, 657: 34-38.

[52] Zhang R Z, Chen W. Recent advances in graphene-based nanomaterials for fabricating electrochemical hydrogen peroxide sensors[J]. Biosensors & Bioelectronics, 2017, 89: 249-268.

[53] 万红利, 万丽, 王贤保, 等. 石墨烯的改性及其在电化学检测方面的研究新进展[J]. 功能材料, 2016, 47: 8035-8042.

[54] Kumar G G, Amala G, Gowtham S M. Recent advancements, key challenges and solutions in non - enzymatic electrochemical glucose sensors based on graphene platforms[J]. Rsc Advances, 2017, 7: 36949-36976.

[55] JiangL, Ding Y P, Jiang F, et al. Electrodeposited nitrogen-doped graphene/carbon nanotubes nanocomposite as enhancer for simultaneous and sensitive voltammetric determination of caffeine and vanillin[J]. Analytica Chimica Acta, 2014, 833: 22-28.

[56] Lu L. Recent advances in synthesis of three-dimensional porous graphene and its applications in construction of electrochemical (bio)-sensors for small biomolecules detection[J]. Biosensors & Bioelectronics, 2018, 110: 180-192.

[57] Wang Y X, Ping J F, Ye Z Z, et al. Impedimetric immunosensor based on gold nanoparticles modified graphene paper for label-free

detection of Escherichia coli O157: H7 [J]. Biosensors & Bioelectronics, 2013, 49: 492-498.

[58] Tao Y, Lin Y H, Huang Z Z, et al. Incorporating graphene oxide and gold nanoclusters: A synergistic catalyst with surprisingly high peroxidase-like activity over a broad pH range and its application for cancer cell detection[J]. Advanced Materials, 2013, 25: 2594-2599.

[59] Gu Y, Cheng J, Li Y, et al. Detection of circulating tumor cells in prostate cancer based on carboxylated graphene oxide modified light addressable potentiometric sensor [J]. Biosensors & Bioelectronics, 2015, 66: 24-31.

[60] 王喜波, 张英华. 食品分析[M]. 北京: 科学出版社, 2015.

第二章 石墨烯纳米材料修饰电极电化学分析食品中营养成分的研究

第一节 食品中营养成分测定的意义

食品中的营养成分包括水分、矿物质、维生素、蛋白质、糖和脂肪。它们不仅是人体必需的营养物质，而且是人体组织和器官的构成成分，同时还可以起到为人体提供能量、维持体温稳定、调节物质代谢、促进正常的生长发育和维持正常的免疫功能等作用[1,2]。此外，这些营养成分普遍存在于各类食品中，对食品的营养品质、储藏和加工等方面具有重要作用。通过对各类食品中各种营养成分的测定，可以了解各种营养成分在各类食品中的组成及含量，评估各类食品的营养价值，监控各类食品在储藏、加工、运输和销售过程中的品质变化，同时可以为食品新产品、新加工方法的研发提供指导[3,4]。

第二节 食品中矿物质元素分析

一、食品中矿物质元素概述

食品中除构成水和有机化合物的氢元素、氧元素、碳元素、氮元素以外，其余元素统称为矿物质。食品中的矿物质元素按其在人体内的含量和人体需要量的不同可以分为常量元素和微量元素。常量元素在体内的含量一般大于0.01%，每日需要量在100 mg以上，包括钙元素、磷元素、钠元素、钾元素、镁元素、氯元素和硫元素7种[1]。微量元素在体内的含量一般小于 0.01%，每日需要量以微克至毫克计，包括铁元素、锌元素、铜元素、硒元素、钼元素、铬元素、钴元素、碘元素和氟元素等。

食品中的矿物质元素在人体内具有重要的作用，例如，有的是构成人体组织的重要成分（如钙元素是构成骨骼的重要成分），有的可以调节机体酸碱平衡和渗透压的稳定（如钠离子、钾离子、氯离子），有的对机体具有特殊的生理作用（如碘对甲状腺素合成的重要性）等。此外，许多矿物质元素还在改善食品品质方面具有重要的作用，例如，钙离子对一些凝胶的形成，磷酸盐对肉制品保水性的作用等[1,2]。

通过对食品中矿物质元素的测定，可以了解食品中矿物质元素的组成及含量，对评价食品的营养价值、开发强化食品、改善食品加工工艺、提高食品质量具有重要的指导意义[3,4]。此外，食品中矿物质元素的测定结果还可以用来判断食品受污染程度，以便查清和控制食品在生产、加工、储藏过程中的污染源，从而保障食品安全和消费者健康。

二、食品中碘元素的测定方法研究

碘元素是人体必需的一种微量元素，主要存在于甲状腺中，少量分布在肌肉、脑、肝脏等组织中。碘元素是甲状腺素的组成部分，它在人体内的生理作用主要通过甲状腺素的作用表现出来。碘元素的生理作用主要有：参与蛋白质、糖和脂肪代谢及能量代谢，调节水、盐代谢，促进生长发育及维生素的吸收利用，能活化许多重要的酶等[2]。人体所需的碘可以从饮用水、食物、食盐中获取。人体缺碘会引起甲状腺肿大，这种碘缺乏病在内陆山区易发。这主要是由于内陆山区居民的饮用水、食物中的碘含量较少。通过摄取海产品、强化碘盐可以满足人体对碘元素的需要，有效预防碘缺乏病。人体长期摄入过量的碘可以引起高碘性甲状腺肿大。因此，对食品中碘元素含量的测定具有重要意义。

目前，国内外研究者已经发展多种分析方法用于食品中碘元素含量的测定，主要包括化学滴定法[5]、分光光度法[6]、原子吸收光谱法[7]、气相色谱法[8]、离子色谱法[9]、电感耦合等离子体质谱法[10]、电化学分析法[11-14]等方法。在这些分析方法中，电化学分析法是一种相对简单、廉价、快速、选择性好、灵敏度高的检测方法，而且可以利用碘离子的电化学活性实现对其直接测定。

石墨烯是近些年快速发展起来的一种新型碳纳米材料，由于具有导电性好、比表面积大等优点，广泛用于制作化学修饰电极构建电化学传感器和电化学生物传感器，而它在碘离子检测中的应用较少[15-20]。本实验主要研究了一种石墨烯纳米材料修饰金电极电化学检测碘离子的新方法。采用一步电化学沉积法将胶态水溶液中的氧化石墨烯沉积到裸金电极的表面，制得石墨烯纳米材料修饰的金电极。在此基础上，利用石墨烯纳米材料修饰的金电极建立了一种电化学检测碘离子的新方法，进一步将该方法用于食盐中碘含量的测定。

1. 实验及方法

（1）实验材料与仪器

氧化石墨购自南京先丰纳米材料科技有限公司；碘化钠、溴化钠、氯化钠、氟化钠、磷酸氢二钠、磷酸二氢钠、氢氧化钠、高氯酸锂、抗坏血酸购自上海晶纯生化科技股份有限公司。实验用水为超纯水。

pH 值为 1.0~2.0 的缓冲溶液由 0.1 mol/L 硫酸和 0.1 mol/L 氢氧化钠配制，pH 值为 3.0~5.0 的缓冲溶液由 0.1 mol/L 磷酸氢二钠和 0.1 mol/L 磷酸二氢钠配制。

不同浓度的碘化钠溶液（1×10^{-7}~1×10^{-2} mol/L）及 1×10^{-4} mol/L 其他卤化钠溶液的支持电解质均为 0.1 mol/L 缓冲，现用现配。

市售食盐用于样品的检测。

实验所用仪器设备包括 KX-1990QT 超声波清洗器（北京科玺世纪科技有限公司），PHS-3C 酸度计（上海仪电科学仪器有限公司），Autolab PGSTAT 302N 电化学工作站（Metrohm 瑞士万通中国有限公司），由金工作电极、参比溶液为 3 mol/L 氯化钾的银-氯化银参比电极和铂丝对电极组成的三电极系统（上海仙仁仪器仪表有限公司）等。

（2）石墨烯纳米材料修饰的金电极的制作

将直径为 2 mm 裸金电极先依次用粒径为 0.5 μm 和 0.05 μm 的氧化铝湿粉打磨，再将其在超纯水中超声清洗 3 min 后，采用循环伏安法将它在 0.1 mol/L 硫酸中进行电化学打磨，电位扫描范围为 0~1.6 V，扫速为 100 mV/s，直到获得稳定的循环伏安图为止。将氧化石墨在 0.1 mol/L 高氯酸锂中超声剥离 30 min，制得 3 g/L 氧化石墨烯胶体水溶液。用高纯度的氮气处理上述胶体水溶液 10 min，采用直接电化学沉积法将石墨烯纳米材料修饰在裸金电极的表面，即可制得石墨烯纳米材料修饰的金电极，所用的沉积电位为-1.2 V、沉积时间为 800 s。

(3) 电化学检测碘离子方法

首先，制备石墨烯纳米材料修饰的金电极，并将其作为工作电极用于碘离子的电化学检测。然后，将石墨烯纳米材料修饰的金工作电极、银-氯化银（参比溶液为 3 mol/L 氯化钾）参比电极和铂丝对电极与电化学工作站连接，将上述三电极一起浸入含有碘离子的溶液中，采用方波伏安法对溶液中不同标准浓度的碘离子及市售食盐样品中碘离子的含量分别进行了测定。所采用的方波伏安法条件为：阶跃电位为 5 mV，振幅为 20 mV，频率为 10 Hz。

2. 结果与分析

(1) 碘离子在石墨烯纳米材料修饰的金电极上的电化学行为

图 2-1 为 1×10^{-4} mol/L 碘化钠（支持电解质为 0.1 mol/L 缓冲，pH 值 1.0）在石墨烯纳米材料修饰的金电极上的循环伏安图（扫速为 100 mV/s）。当溶液中不存在碘化钠时，未在裸金电极（黑色虚线）和石墨烯纳米材料修饰的金电极（黑色点线）上观察到明显的氧化峰和还原峰；与裸金电极相比，在石墨烯纳米材料修饰的金电极上获得的充电电流信号明显增大，这一现象表明石墨烯纳米材料已成功修饰在金电极表面。而当溶液中存在 1×10^{-4} mol/L 碘化钠时，可以在 0.54 V 和 0.43 V 处分别明显观察到碘离子

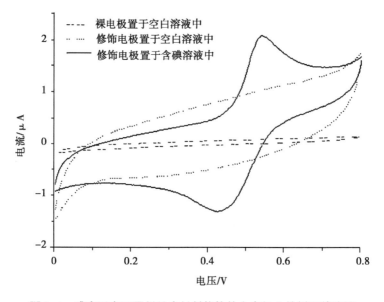

图 2-1　碘离子在石墨烯纳米材料修饰的金电极上的循环伏安图

在石墨烯纳米材料修饰的金电极上的氧化峰和还原峰（黑色实线）。因此，可以利用碘离子在石墨烯纳米材料修饰的金电极表面产生的电化学信号实现对其含量的测定。

（2）电极浸泡时间的影响

图 2-2 为石墨烯纳米材料修饰的金电极在 $1×10^{-4}$ mol/L 碘化钠溶液（支持电解质为 0.1 mol/L 缓冲，pH 值 1.0）中浸泡不同时间（0~4 min）的方波伏安图。由图 2-2 可知，随着电极浸泡时间从 0 min 不断延长至 4 min，碘离子在石墨烯纳米材料修饰的金电极上的氧化峰电流值不断增加，而 4 min 后峰电流值基本保持不变。因此，后续实验选择 4 min 为最佳的电极浸泡时间进行碘离子的测定。

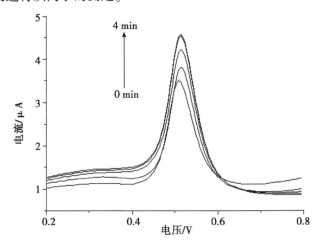

图 2-2 石墨烯纳米材料修饰的金电极浸入 $1×10^{-4}$ mol/L 碘化钠溶液（支持电解质为 pH 值 1.0 的 0.1 mol/L 缓冲）中不同时间的方波伏安图

（3）溶液 pH 值的影响

图 2-3 为 $1×10^{-4}$ mol/L 碘化钠（支持电解质为 0.1 mol/L 缓冲）在石墨烯纳米材料修饰的金电极上的氧化峰电流随溶液 pH 值（1.0~5.0）的变化图。当溶液 pH 值从 1.0 不断增加至 5.0 时，碘离子在石墨烯纳米材料修饰的金电极上的氧化峰电流整体上呈现降低趋势；当溶液 pH 值为 1.0 时，获得的碘离子在石墨烯纳米材料修饰的金电极上的氧化峰电流最大。因此，后续实验选择在最佳 pH 值为 1.0 的条件下进行碘离子的检测。

（4）石墨烯纳米材料修饰的金电极对不同浓度碘离子的响应

图 2-4 为浓度从 $1×10^{-7}$~$1×10^{-2}$ mol/L 的碘化钠溶液（支持电解质为

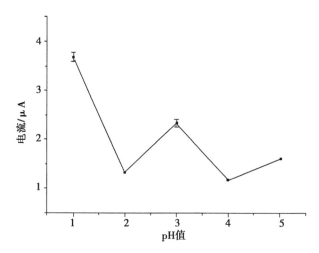

图 2-3　碘离子在石墨烯纳米材料修饰的金电极上的
氧化峰电流随溶液 pH 值的变化图

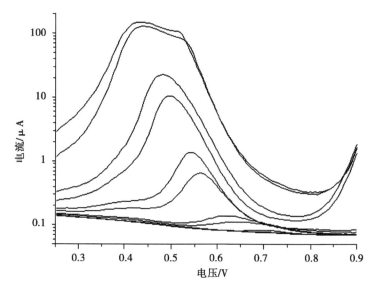

图 2-4　石墨烯纳米材料修饰的金电极在含不同浓度碘离子溶液（支持电解质为 pH
值 1.0 的 0.1 mol/L 缓冲）中的方波伏安图（从下到上碘离子浓度依次为 0 mol/L、
$1×10^{-7}$ mol/L、$1×10^{-6}$ mol/L、$5×10^{-6}$ mol/L、$1×10^{-5}$ mol/L、$5×10^{-5}$ mol/L、
$1×10^{-4}$ mol/L、$5×10^{-4}$ mol/L、$1×10^{-3}$ mol/L、$5×10^{-3}$ mol/L 和 $1×10^{-2}$ mol/L）

0.1 mol/L 缓冲，pH 值 1.0）在石墨烯纳米材料修饰的金电极上的方波伏安图。由图 2-4 可知，随碘离子浓度的不断增加，碘离子在石墨烯纳米材料修饰的金电极上的氧化峰电流值不断增大，而且氧化峰电位向负电位方向发生明显的移动。实验结果表明，碘离子氧化峰电流的对数与其浓度的对数在 $5\times10^{-6} \sim 1\times10^{-2}$ mol/L 浓度范围内具有良好的线性关系（图 2-5），相关系数为 0.9965，检出限为 5×10^{-6} mol/L。

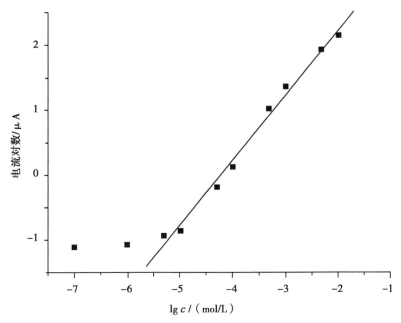

图 2-5　石墨烯纳米材料修饰的金电极在含不同浓度碘离子（$1\times10^{-7} \sim$
1×10^{-2} mol/L）溶液（支持电解质为 pH 值 1.0 的 0.1 mol/L 缓冲）中的
氧化峰电流随碘离子浓度的变化关系图

（5）选择性

考察了其他卤素离子对石墨烯纳米材料修饰的金电极测定碘离子的影响。采用石墨烯纳米材料修饰的金电极对 1×10^{-4} mol/L 碘化钠、溴化钠、氯化钠和氟化钠（支持电解质为 0.1 mol/L 缓冲，pH 值 1.0）溶液分别进行测定，结果如图 2-6 所示。由图 2-6 可知，除碘离子外，其他卤素离子均未在同一电位范围内观察到明显的氧化峰信号。这些实验结果表明可以忽略其他卤素离子对石墨烯纳米材料修饰的金电极测定碘离子产生的干扰。

（6）重现性

采用石墨烯纳米材料修饰的金电极对 1×10^{-4} mol/L 碘化钠（支持电解

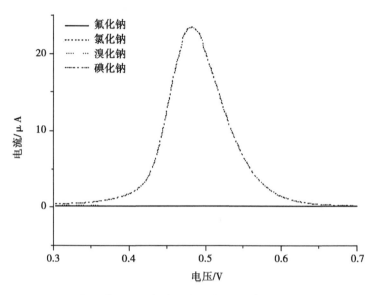

图 2-6 石墨烯纳米材料修饰的金电极在 $1×10^{-4}$ mol/L 的不同卤化钠溶液（支持电解质为 pH 值 1.0 的 0.1 mol/L 缓冲）中的方波伏安图

质为 0.1 mol/L 缓冲，pH 值 1.0）平行测定 11 次，碘离子的氧化峰电流值的相对标准偏差为 4.4%，表明该方法具有良好的重现性。

（7）食盐样品中碘离子浓度的测定

将添加有 19.0 mg/kg 碘（添加剂为碘酸钾）的市售食盐用过量的抗坏血酸处理，食盐中的添加剂碘酸钾将完全被还原为碘离子[21]。10 倍稀释的食盐样品溶液通过在 100 mL 0.1 mol/L 缓冲溶液（pH 值 1.0）中溶解 10.000 g 食盐和 0.100 g 抗坏血酸配制，采用标准加入法对食盐样品中的碘离子含量进行了测定。采用石墨烯纳米材料修饰的金电极对食盐样品溶液中的碘离子含量平行测定 3 次，获得食盐样品中碘离子的浓度为 15.2 mg/kg。这一实验结果与厂家的测定值接近，表明建立的方法有望用于实际样品中碘离子的检测。

3. 小结

循环伏安图结果表明石墨烯纳米材料可以采用电化学沉积法成功修饰到裸金电极表面，而且获得了碘离子在该修饰电极表面明显的氧化峰电流信号，这些结果均为建立基于石墨烯纳米材料修饰的金电极电化学检测碘离子方法奠定了坚实的基础。在此基础上，获得石墨烯纳米材料修饰的金电极对碘离子浓度的响应范围为 $1×10^{-7} \sim 1×10^{-2}$ mol/L，线性范围为 $5×10^{-6} \sim 1×10^{-2}$ mol/L，检出限

为 5×10^{-6} mol/L。进一步将其用于食盐样品中碘离子的浓度的检测，测定结果满意。这种碘离子检测方法具有电极制作简单、响应范围宽、检测时间短、选择性高、重现性好等优点，为食盐中碘离子含量的检测提供了一种新途径。除可用于食盐中碘离子含量的检测外，该方法还有望进一步用于其他含碘食品的测定。

三、食品中氟元素的测定方法研究

氟是人体的一种必需微量元素，主要分布在骨骼和牙齿中。氟能与骨骼的主要固体成分羟磷灰石晶体表面的离子发生交换形成更为坚硬、稳定的氟磷灰石，而且适量的氟有利于钙元素和磷元素在骨骼中的沉积并且加速骨骼的生长[2]。氟被牙釉质中的羟磷灰石吸附后，可以在牙齿表面形成一层坚硬的氟磷灰石保护层，使牙釉质不容易受有机酸、微生物等的侵蚀发生龋齿。人体所需的氟主要通过饮用水获得，摄入氟含量的多少与人体的健康息息相关。例如，当人体摄入痕量的氟时，有利于机体预防龋齿；而当人体长期摄入过量的氟时，则会引起氟斑牙、氟骨症等地方性氟病[22-24]。我国是地方性氟病的高发地区，几乎所有的省、市、自治区都有分布。因此，建立一种廉价、快速、灵敏、准确测定氟离子的分析方法对预防龋齿和地方性氟病等疾病的发生具有非常重要的意义。

目前，国内外研究者已发展多种不同类型的氟离子检测方法，主要包括比色检测法[25-28]、荧光测定法[28-33]、磷光分析法[34]、高效液相色谱法[35]、气相色谱-质谱联用分析法[36,37]、电化学分析法[38-43]等方法。在这些已经建立的检测方法中，电化学分析法具有其他分析方法无可比拟的优势，包括仪器设备简单、价格低廉、易于操作、灵敏度高、选择性好、分析速度快等优点。1966 年，Frant 等[38]基于氟化镧单晶膜的氟离子选择性电极建立了第一种电化学检测氟离子的方法。由于具有较高的选择性、灵敏度及较宽的响应范围，这种基于氟化镧单晶膜的氟离子选择性电极电化学分析方法至今仍然被广泛应用于氟离子的样品检测中。除可以利用氟化镧单晶膜材料外，有机硼酸聚合物也常常用作膜材料制备化学修饰电极构建电化学氟离子传感器[44-47]。在这类基于有机硼酸聚合物的电化学氟离子传感器中，以 sp^2 杂化的硼原子具有一个空的 p 轨道，可以作为路易斯酸与硬碱氟离子发生共价键合，引起电化学信号的变化，借此信号变化可以实现氟离子的检测。例如，Ciftci 等[45]将聚间氨基苯硼酸材料修饰到石墨棒电极上，建立了一种新型的电化学检测氟离子的方法并且将这种方法成功用于牙膏样品中氟离子浓度的检测。与基于氟化镧单晶膜的离子选择性电极相比，基于有机硼酸聚合物制备的化学修饰电极的成本更加低廉，而且无需特殊的氟化镧晶体结构，但它同时存在灵敏度较低、响应范围较窄等缺陷，因此，在一定程度上限制了这类方法在含低浓度氟离子样品中的应用[42,45]。

石墨烯是近十余年来快速发展起来的一种新型的二维碳纳米材料[48,49]。由于具有高比表面积、良好的导电性、易于功能化等优点，基于石墨烯纳米材料的修饰电极已经广泛用于设计不同类型的电化学传感器和电化学生物传感器[48,50-53]。目前，很少有基于石墨烯纳米材料修饰电极的电化学氟离子传感器的报道。目前，已报道的石墨烯纳米材料修饰电极制备方法多数采用滴涂法，存在需要使用有毒化学试剂、膜厚度难以控制等缺点[54,55]。与滴涂法相比，电化学沉积法制备的石墨烯纳米材料修饰电极更加简单、更加环保。

聚间氨基苯硼酸是导电聚合物聚苯胺的衍生物，具有与聚苯胺类似的高导电性和氧化还原行为，而且其结构中的硼酸基团可以选择性的识别氟离子和含有二醇基团的分子如糖、糖蛋白等；利用这一特点可以设计出多种电化学传感器和电化学生物传感器[45,55-58]。在这些电化学传感器和电化学生物传感器的制作过程中，聚间氨基苯硼酸修饰电极通过电化学聚合法将间氨基苯硼酸单体聚合到电极表面制得，进而实现对分析物的传感检测。

鉴于氟离子检测的重要意义，本研究拟基于石墨烯-聚间氨基苯硼酸纳米复合材料修饰的金电极建立一种快速、灵敏的新型电化学检测氟离子方法。采用两步电化学法制备石墨烯-聚间氨基苯硼酸纳米复合材料修饰的金电极。首先，通过电化学沉积法将石墨烯纳米材料修饰到裸的金工作电极表面，进一步采用电化学聚合法将间氨基苯硼酸单体聚合到石墨烯纳米材料修饰的金电极表面，即可以制得实验所用的石墨烯-聚间氨基苯硼酸纳米复合材料修饰的金电极。然后，分别采用扫描电子显微镜和电化学法对石墨烯-聚间氨基苯硼酸纳米复合材料修饰的金电极进行表征，考察了其表面形貌特征及在不同电解质溶液中的电化学行为。在此基础上，将所得到的表征结果与用裸金电极和石墨烯纳米材料修饰的金电极获得的结果进行对比，根据这些表征结果验证是否成功制得实验所用的纳米复合材料修饰电极。最后，将制备的石墨烯-聚间氨基苯硼酸纳米复合材料修饰的金电极置于溶有氟离子和铁氰化钾的混合溶液中，氟离子就会共价键合到纳米复合材料的硼原子上形成带负电荷的基团，该带电基团可以对铁氰化钾在修饰电极表面的还原反应产生抑制作用，借此实现氟离子的间接检测，进一步将建立的方法用于水样中氟离子含量的测定。

1. 实验及方法

（1）实验材料与仪器

氧化石墨购自南京先丰纳米材料科技有限公司。间氨基苯硼酸、铁氰化钾、硝酸钾、高氯酸锂、氯化钾、磷酸二氢钠、磷酸氢二钠、氢氧化钠、氟化钠、氯化钠、溴化钠、碘化钠等化学试剂均为分析纯试剂，购自上海阿拉丁生化科技股份有限公司。

3 mg/mL 氧化石墨烯胶体溶液（支持电解质为 0.1 mol/L 高氯酸锂）的配制：首先，将 0.3001 g 氧化石墨和 1.6004 g 高氯酸锂加入 100 mL 的容量瓶中定容；然后，将定容好的容量瓶置于超声波清洗器中超声 30 min，使氧化石墨充分分散在溶液中，形成 3 mg/mL 氧化石墨烯胶体溶液（支持电解质为 0.1 mol/L 高氯酸锂）[59]，用于后续石墨烯–聚间氨基苯硼酸纳米复合材料修饰的金电极的制作。

0.04 mol/L 间氨基苯硼酸单体溶液的支持电解质为 0.2 mol/L 盐酸和 0.05 mol/L 氯化钠，用于后续石墨烯–聚间氨基苯硼酸纳米复合材料修饰的金电极的制作。

0.1 mol/L 硫酸溶液和 0.001 mol/L 铁氰化钾溶液（支持电解质为 0.02 mol/L硝酸钾），用于后续电极的电化学法表征。

0.1 mol/L 磷酸缓冲溶液由磷酸二氢钠和磷酸氢二钠配制，并用 0.1 mol/L磷酸和 0.1 mol/L 氢氧化钠调整缓冲溶液 pH 值为 2.0~6.0。

不同浓度的氟离子溶液（$1×10^{-10}$~$1×10^{-1}$ mol/L）及 $1×10^{-3}$ mol/L其他卤化钠溶液的支持电解质为 $1×10^{-4}$ mol/L 铁氰化钾和 0.1 mol/L 磷酸缓冲。

井水和市售矿泉水用于样品的检测。

实验所用仪器设备：KX-1990QT 超声波清洗器（北京科玺世纪科技有限公司）用于超声分散氧化石墨烯胶体溶液及清洗裸金工作电极表面；Autolab PGSTAT 302N 电化学工作站（Metrohm 瑞士万通中国有限公司）用于石墨烯–聚间氨基苯硼酸纳米复合材料修饰的金电极的制备、表征及氟离子的检测；所用三电极系统（上海仙仁仪器仪表有限公司）：金电极为工作电极，银–氯化银电极（3 mol/L 氯化钾为参比溶液）为参比电极，铂丝电极为对电极。JSM-6490LV 扫描电子显微镜（日本电子株式会社）用于石墨烯–聚间氨基苯硼酸纳米复合材料修饰的金电极的表征；PHS–3C 酸度计（上海仪电科学仪器有限公司）用于不同 pH 值缓冲溶液的配制等。

（2）石墨烯–聚间氨基苯硼酸纳米复合材料修饰的金电极的制备

金工作电极的预处理：首先，将两块粗糙的鹿皮分别贴在同一块厚玻璃板上，并且在这两块鹿皮表面分别添加少许粒径为 0.5 μm 和 50 nm 的氧化铝粉；然后，在不同粒径的氧化铝粉表面分别滴加少量的蒸馏水，将金工作电极依次置于 0.5 μm 和 50 nm 的氧化铝湿粉上各自打磨数百圈；接着，将打磨好的金工作电极放在超声波清洗器中用蒸馏水超声清洗 3 min；最后，将金工作电极、银–氯化银参比电极（3 mol/L 氯化钾为参比溶液）和铂丝对电极分别与电化学工作站上的相应电极夹连接好，并且将这三种电极同时浸入 0.1 mol/L 硫酸溶液中，采用循环伏安法处理金工作电极表面（电位扫描范围为 0~1.6 V，扫速为 100 mV/s），直至得到稳定的循环伏安曲线为止。在进行上述操作过程中的每一步骤时，均需要先用蒸馏水将每种电极冲洗干净，然后再进行下一步的操作。

石墨烯–聚间氨基苯硼酸纳米复合材料修饰的金电极的制作：首先，将 3 mg/mL 氧化石墨烯胶体溶液（支持电解质为 0.1 mol/L 高氯酸锂）用高纯度的氮气除氧 10 min；然后，将预处理后的金工作电极置于除氧后的氧化石墨烯胶体溶液（支持电解质为 0.1 mol/L 高氯酸锂）中，采用电化学沉积法将石墨烯纳米材料修饰在金工作电极的表面，沉积电位和沉积时间分别为 –1.1 V 和 800 s；接着，用蒸馏水冲洗后，将石墨烯纳米材料修饰的金工作电极置于 0.04 mol/L 间氨基苯硼酸单体溶液（支持电解质为 0.2 mol/L 盐酸和 0.05 mol/L 氯化钠）中，采用电化学聚合法将聚间氨基苯硼酸纳米材料修饰在石墨烯纳米材料修饰的金工作电极表面（电位扫描范围为 –0.1~1.1 V，圈数为 40 圈，扫速为 100 mV/s）[45]；最后，采用计时电流法处理上述制得的修饰电极（施加电位为 –0.1 V，时间为 60 s），即可以制得实验所用的石墨烯–聚间氨基苯硼酸纳米复合材料修饰的金电极（图 2-7）。

石墨烯纳米材料修饰的金电极的制作：首先，将 3 mg/mL 氧化石墨烯胶体溶液（支持电解质为 0.1 mol/L 高氯酸锂）用高纯度的氮气除氧 10 min；然后，将预处理后的金工作电极置于除氧后的氧化石墨烯胶体溶液（支持电解质为 0.1 mol/L 高氯酸锂）中，采用电化学沉积法将石墨烯纳米材料修饰在金工作电极表面，沉积电位和沉积时间分别为 –1.1 V 和 800 s，即可以制得实验所用的石墨烯纳米材料修饰的金电极。

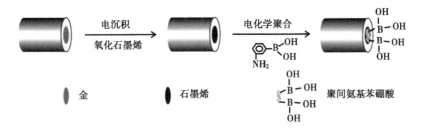

图 2-7　石墨烯–聚间氨基苯硼酸纳米复合材料修饰的金电极的制作过程图

聚间氨基苯硼酸纳米材料修饰的金电极的制作：首先，将预处理后的金工作电极置于 0.04 mol/L 间氨基苯硼酸单体溶液（支持电解质为 0.2 mol/L 盐酸和 0.05 mol/L 氯化钠）中，采用电化学聚合法将聚间氨基苯硼酸纳米材料修饰在金工作电极表面（电位扫描范围为 -0.1~1.1 V，圈数为 40 圈，扫速为 100 mV/s）；然后，采用计时电流法处理上述制得的修饰电极（施加电位为 -0.1 V，时间为 60 s），即可以制得实验所用的聚间氨基苯硼酸纳米材料修饰的金电极。

（3）石墨烯–聚间氨基苯硼酸纳米复合材料修饰的金电极的表征

扫描电子显微镜表征：采用扫描电子显微镜分别对裸金电极、石墨烯纳米材料修饰的金电极和石墨烯–聚间氨基苯硼酸纳米复合材料修饰的金电极的表面形貌特征进行表征。

电化学法表征：采用计时电流法考察氧化石墨烯在裸金电极上的电化学还原行为；采用循环伏安法考察裸金电极和石墨烯纳米材料修饰的金电极在 0.1 mol/L 硫酸溶液中的电化学行为；考察 0.04 mol/L 间氨基苯硼酸单体溶液（支持电解质为 0.2 mol/L 盐酸和 0.05 mol/L 氯化钠）在石墨烯纳米材料修饰电极上的电化学聚合行为；采用方波伏安法对比裸金电极、石墨烯纳米材料修饰的金电极、聚间氨基苯硼酸纳米材料修饰的金电极和石墨烯–聚间氨基苯硼酸纳米复合材料修饰的金电极在 0.001 mol/L 铁氰化钾溶液（支持电解质为 0.02 mol/L 硝酸钾）中的电化学行为。

（4）电化学检测氟离子方法

首先，制备石墨烯–聚间氨基苯硼酸纳米复合材料修饰的金电极，并将其作为工作电极进行氟离子的电化学检测。然后，将石墨烯–聚间氨基苯硼酸纳米复合材料修饰的金工作电极、银–氯化银参比电极（参比溶液为 3 mol/L 氯化钾）和铂丝对电极与电化学工作站上的相应电极夹连接好，并且将这三种电极同时浸入含某一浓度氟离子和铁氰化钾的混合溶液中。溶液中的氟离子将会与修饰电极表面聚间氨基苯硼酸薄膜上的硼酸基团发生共价键合，并且产生带负电荷的基团。根据同种电荷相互排斥、异种电荷相互吸引的作用原理，聚间氨基苯硼酸薄膜上的硼酸基团产生的带负电荷基团将会排斥溶液中同样带负电荷的铁氰化钾探针 $Fe(CN)_6^{3-}$ 在石墨烯–聚间氨基苯硼酸纳米复合材料修饰的金电极表面的电荷转移，同时引起铁氰化钾还原峰电流信号的降低（图 2-8）。借助铁氰化钾探针 $Fe(CN)_6^{3-}$ 在修饰电极表面产生的还原峰电流信号变化，有望实现石墨烯–聚间氨基苯硼酸纳米复合材料修饰的金电极对氟离子的电化学检测。

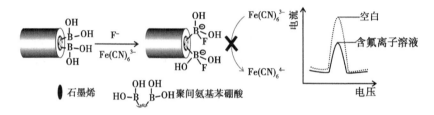

图 2-8　石墨烯–聚间氨基苯硼酸纳米复合材料修饰的

金电极电化学检测氟离子的原理示意图

在测定氟离子前，首先采用循环伏安法和方波伏安法对石墨烯–聚间氨基苯硼酸纳米复合材料修饰的金电极制作条件进行了优化。用0.005 mol/L铁氰化钾溶液（支持电解质为 0.1 mol/L 硝酸钾）考察了石墨烯沉积时间和沉积电位对修饰电极电化学行为的影响。用含与不含 0.001 mol/L 氟化钠的 1×10^{-4} mol/L 铁氰化钾溶液（支持电解质为 pH 值 3.0 的 0.1 mol/L 磷酸缓冲）研究了聚间氨基苯硼酸膜厚度对修饰电极电化学行为的影响。然后，采用方波伏安法对石墨烯–聚间氨基苯硼酸纳米复合材料修饰的金电极电化学测定氟离子的一些影响因素如电极浸泡时间、溶液 pH 值等进行了优化，所用溶液为 0.001 mol/L 氟化钠溶液（支持电解质为 1×10^{-4} mol/L 铁氰化钾和 pH 值 3.0 的 0.1 mol/L 磷酸缓冲）。最后，在最佳的实验条件下，采用方波伏安法研究了石墨烯–聚间氨基苯硼酸纳米复合材料修饰的金电极电化学检测氟离子的响应范围、检出限、重现性、选择性等性能，进一步将其用于实际样品如水样中氟离子浓度的测定。

2. 结果与分析

(1) 扫描电子显微镜表征石墨烯-聚间氨基苯硼酸纳米复合材料修饰的金电极

图 2-9 为裸金电极、石墨烯纳米材料修饰的金电极和石墨烯-聚间氨基苯硼酸纳米复合材料修饰的金电极在不同放大倍数下的扫描电子显微镜图像。由图 2-9A 和图 2-9B 可知，在裸金电极表面，可以观察到很多孔径为几百微米至一千微米的孔状结构。当在裸金电极表面修饰石墨烯纳米材料后，未能在金电极表面明显观察到石墨烯纳米材料的褶皱结构（图2-9C 和图 2-9D）；仅在这些孔状结构的周围观察到一些微粒子。这些表征结果与文献报道的在石墨烯纳米材料修饰的玻碳电极上观察到的褶皱结构结果不同[59]。这可能是由于玻碳电极的表面较金电极的表面更加光滑、平整，同时在金电极表面沉积的石墨烯量比较少，而且大多数沉积的石墨烯优先存在于金电极的孔状结构中所致。进一步在石墨烯纳米材料修饰的金电极表面电化学聚合间氨基苯硼酸单体后，可以在石墨烯纳米材料修饰的金电极表面和孔状结构周围观察到大量直径为几十纳米至几百纳米的微球结构（图 2-9E 和图 2-9F）。这些聚间氨基苯硼酸纳米微球结构将会显著地提高修饰电极的

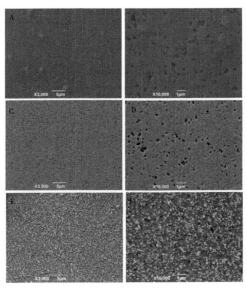

图 2-9　裸金电极（A 和 B）、石墨烯纳米材料修饰的金电极（C 和 D）和石墨烯-聚间氨基苯硼酸纳米复合材料修饰的金电极（E 和 F）在不同放大倍数（3 000倍和10 000倍）下的扫描电子显微镜图像

比表面积。上述扫描电子显微镜结果表明可以成功制得具有高比表面积的石墨烯-聚间氨基苯硼酸纳米复合材料修饰的金电极。

（2）电化学法表征石墨烯–聚间氨基苯硼酸纳米复合材料修饰的金电极

图 2-10 为氧化石墨烯在裸金电极上进行电化学还原的电流-时间曲线。在 100 s 内，电流信号随着沉积时间的延长急剧增大。随着沉积时间的不断

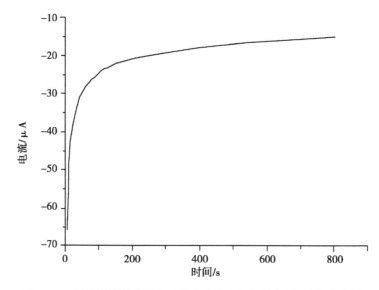

图 2-10 氧化石墨烯在裸金电极上电化学还原的电流–时间曲线图

延长，电流信号仍然继续增大，但是增大的幅度逐渐变缓并且趋于平稳。这一变化过程表明石墨烯纳米材料在裸金电极表面的沉积过程开始时沉积速度较快，随着沉积时间的延长，沉积速度逐渐变得缓慢，最后趋于稳定状态。为证实石墨烯纳米材料是否成功地修饰在金电极的表面，考察了裸金电极和石墨烯纳米材料修饰的金电极在 0.1 mol/L 硫酸溶液中的电化学行为（图 2-11）。由图 2-11 可知，与裸金电极获得的电流信号相比（图 2-11，实线），石墨烯纳米材料修饰的金电极在 0.1 mol/L 硫酸溶液中得到的充电电流信号明显增大（图 2-11，虚线）。这些结果表明石墨烯纳米材料已经成功地修饰在裸金电极的表面，而且在一定程度上提高了金电极的比表面积。

图 2-12 为间氨基苯硼酸在石墨烯纳米材料修饰的金电极上电化学聚合的循环伏安图。在第一圈正向扫描的过程中，间氨基苯硼酸单体首先在石墨烯纳米材料修饰的金电极表面发生电化学氧化，而且在 0.95 V 处观察到一个明显的氧化峰。在第一圈负向扫描的过程中，电化学氧化后的间氨基苯硼

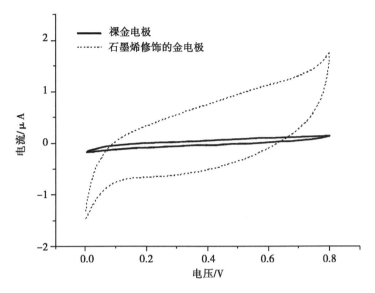

图 2-11　裸金电极和石墨烯纳米材料修饰的
金电极在 0.1 mol/L 硫酸溶液中的循环伏安图

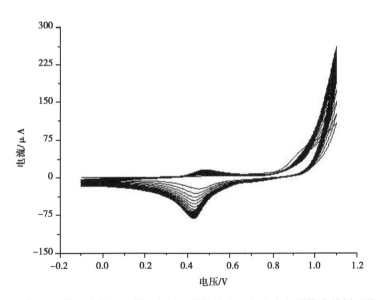

图 2-12　间氨基苯硼酸在石墨烯纳米材料修饰的金电极上电化学聚合的循环伏安图

酸在修饰电极的表面发生电化学还原，同时在 0.45 V 处观察到一个明显的还原峰。在第二圈正向扫描的过程中，在 0.48 V 处观察到一个新的氧化峰。随着扫描圈数的不断增加，0.95 V 处的氧化峰电流值不断降低，而且该氧化峰逐渐变得不明显；而在 0.45 V 处的还原峰电流值和 0.48 V 处的氧化峰电流值均逐步增大并且趋于稳定。这一现象暗示随着扫描圈数的不断增加，间氨基苯硼酸单体不断在石墨烯纳米材料修饰的金电极表面发生电化学聚合反应并且形成聚间氨基苯硼酸纳米材料，即可以成功制得石墨烯-聚间氨基苯硼酸纳米复合材料修饰的金电极。

图 2-13 为裸金电极、石墨烯纳米材料修饰的金电极、聚间氨基苯硼酸纳米材料修饰的金电极和石墨烯-聚间氨基苯硼酸纳米复合材料修饰的金电极在 0.001 mol/L 铁氰化钾溶液（支持电解质为 0.02 mol/L 硝酸钾）中的方波伏安图。由图 2-13 可知，在 0.20 V 处，可以观察到铁氰化钾在裸金电极上的还原峰（图 2-13，黑色实线）。在裸金电极的表面修饰石墨烯纳米材料后，可以观察到铁氰化钾在石墨烯纳米材料修饰的金电极上的还原峰位置较在裸金电极上观察到的峰位置未发生改变，而峰电流值却明显增加（图 2-13，黑色虚线）；这些结果表明石墨烯纳米材料可以成功修饰在裸金电极的表面，而且促进了铁氰化钾在电极表面的电荷转移。而在裸金电极表面修饰聚间氨基苯硼酸纳米材料后，可以观察到铁氰化钾在聚间氨基苯硼酸纳米材料修饰的金电极上的还原峰位置较在裸金电极上观察到的峰位置向负方向移动约 100 mV，但峰形变得不尖锐而且峰电流值明显降低（图 2-13，黑色点线）；这些结果表明聚间氨基苯硼酸纳米材料可以成功修饰在裸金电极的表面，但抑制了铁氰化钾在电极表面的电荷转移。在石墨烯纳米材料修饰的金电极表面进一步聚合间氨基苯硼酸单体后，可以观察到铁氰化钾的还原峰位置较在裸金电极上观察到的峰位置向负方向移动约 20 mV，而其峰电流值急剧增大，较在裸电极上获得的峰电流值提高近 3 倍（图 2-13，灰色实线）。这些实验结果表明石墨烯-聚间氨基苯硼酸纳米复合材料可以成功地修饰在裸金电极的表面，而且该修饰电极具有高的比表面积；将这两种材料集成在一起修饰电极，可以显著地提高电极的导电性，加快铁氰化钾在电极表面的电荷转移。采用电化学法表征得到的这些实验结果与采用扫描电子显微镜表征得到的实验结果一致。

（3）石墨烯纳米材料沉积时间和沉积电位的选择

理想的石墨烯纳米材料修饰层可以通过选择性的调整电化学沉积石墨烯纳米材料条件进行控制。以铁氰化钾为探针，采用循环伏安法考察了铁氰化钾在不同沉积时间和沉积电位下制备的石墨烯纳米材料修饰电极上的电荷转移特性。图 2-14 为裸金电极和石墨烯纳米材料修饰的金电极（电化学沉积

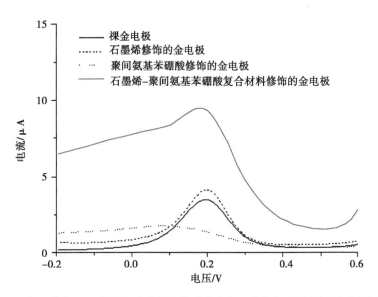

图 2-13 裸金电极、石墨烯纳米材料修饰的金电极、聚间氨基苯硼酸纳米材料修饰
的金电极和石墨烯-聚间氨基苯硼酸纳米复合材料修饰的金电极在 **0.001 mol/L**
铁氰化钾溶液（支持电解质为 **0.02 mol/L** 硝酸钾）中的方波伏安图

石墨烯纳米材料的沉积时间和沉积电位分别为－1.2 V 和 800 s）在
0.005 mol/L铁氰化钾溶液（支持电解质为 0.1 mol/L 硝酸钾）中的循环伏
安图。由图 2-14 可知，与在裸金电极上观察到的铁氰化钾-亚铁氰化钾电
对的氧化还原峰电流信号相比（图 2-14，实线），铁氰化钾-亚铁氰化钾电
对在石墨烯纳米材料修饰的金电极表面的氧化还原峰电流值明显增大，而且
氧化峰电流值的增加幅度较还原峰电流值的增加幅度更为明显（图 2-14，
虚线）。其中，还原峰电流值对应铁氰化钾在石墨烯纳米材料修饰的金电极
表面还原为亚铁氰化钾产生的峰电流值，而氧化峰电流值对应石墨烯纳米材
料修饰的金电极表面产生的亚铁氰化钾氧化为铁氰化钾产生的峰电流值。因
此，后续以亚铁氰化钾在石墨烯纳米材料修饰的金电极上和在裸金电极上氧
化为铁氰化钾对应的氧化峰净电流变化为研究对象，对电化学沉积石墨烯纳
米材料的沉积时间和沉积电位条件进行了优化。

图 2-15 为亚铁氰化钾在石墨烯纳米材料修饰的金电极和在裸金电极上
氧化为铁氰化钾对应的氧化峰净电流变化随电化学沉积石墨烯纳米材料沉积
时间的变化关系。由图 2-15 可知，当电化学沉积石墨烯纳米材料的沉积电
位固定为－1.2 V 时，随着电化学沉积石墨烯纳米材料的沉积时间从 400 s 增

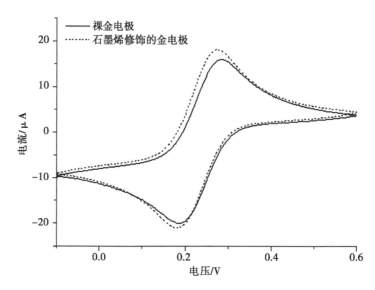

图 2-14 裸金电极和石墨烯纳米材料修饰的金电极（电化学沉积石墨烯纳米材料的沉积时间和沉积电位分别为-1.2 V 和 800 s）在 0.005 mol/L 铁氰化钾溶液（支持电解质为 0.1 mol/L 硝酸钾）中的循环伏安图

加到1 200 s，亚铁氰化钾氧化峰净电流变化值呈现先增大后降低的变化趋势，而且在沉积时间为 800 s 时达到最大值。图 2-16 为亚铁氰化钾在石墨烯纳米材料修饰的金电极和在裸金电极上氧化为铁氰化钾对应的氧化峰净电流变化随电化学沉积石墨烯纳米材料沉积电位的变化关系。当电化学沉积石墨烯纳米材料的沉积时间固定为 800 s 时，随着电化学沉积石墨烯纳米材料的沉积电位从-1.3 V 增加到-1.1 V，亚铁氰化钾氧化峰净电流变化值同样呈现先增大后降低的变化趋势，且在沉积电位为-1.2 V 时达到最大值。因此，选择 800 s 和-1.2 V 为最佳的电化学沉积石墨烯纳米材料沉积时间和沉积电位进行后续氟离子的检测。

（4）聚间氨基苯硼酸纳米材料膜厚度的选择

通过调整间氨基苯硼酸单体在石墨烯纳米材料修饰的金电极上发生电化学聚合的聚合圈数，可以控制聚间氨基苯硼酸纳米材料薄膜的厚度。图 2-17 为石墨烯-聚间氨基苯硼酸复合材料修饰的金电极在 1×10^{-4} mol/L 铁氰化钾溶液（支持电解质为 pH 值 3.0 的 0.1 mol/L 磷酸缓冲）中的循环伏安曲线随聚间氨基苯硼酸膜厚度的变化。由图 2-17 可知，随着间氨基苯硼酸单体发生电化学聚合的聚合圈数从 10 圈逐渐增加到 40 圈时，铁氰化钾-亚铁氰化

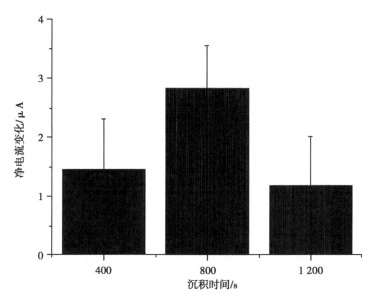

图 2-15 亚铁氰化钾在石墨烯纳米材料修饰的金电极和在裸金电极上氧化为铁氰化钾对应的氧化峰净电流变化随电化学沉积石墨烯纳米材料沉积时间的变化关系图（沉积电位为-1.2 V）

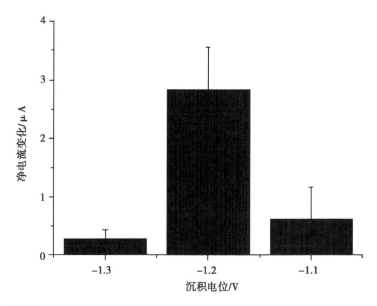

图 2-16 亚铁氰化钾在石墨烯纳米材料修饰的金电极和在裸金电极上氧化为铁氰化钾对应的氧化峰净电流变化随电化学沉积石墨烯纳米材料沉积电位的变化关系图（沉积时间为 800 s）

钾电对在石墨烯-聚间氨基苯硼酸纳米复合材料修饰的金电极表面的氧化还原峰电流值不断增大；而当间氨基苯硼酸的聚合圈数超过 40 圈时，铁氰化钾-亚铁氰化钾电对的氧化还原峰电流值呈现降低的趋势。这些结果表明当间氨基苯硼酸的聚合圈数不超过 40 圈时，随着聚间氨基苯硼酸纳米材料不断聚合在石墨烯纳米材料修饰的金电极表面，聚间氨基苯硼酸纳米材料的膜厚度不断增加而且石墨烯-聚间氨基苯硼酸纳米复合材料修饰的金电极的导电性也持续增加；进一步将间氨基苯硼酸的聚合圈数增加至 50 圈时，石墨烯-聚间氨基苯硼酸纳米复合材料修饰的金电极的导电性降低，这可能是由于聚间氨基苯硼酸纳米材料膜过厚所致。

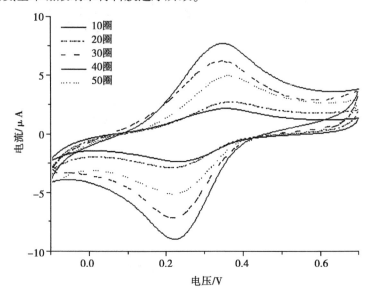

图 2-17 不同的间氨基苯硼酸聚合圈数下制备的石墨烯-聚间氨基苯硼酸
纳米复合材料修饰的金电极在 $1×10^{-4}$ mol/L 铁氰化钾溶液 （支持电解质
为 pH 值 3.0 的0.1 mol/L磷酸缓冲） 中的循环伏安图

图 2-18 为间氨基苯硼酸聚合圈数为 40 圈时制备的石墨烯-聚间氨基苯硼酸纳米复合材料修饰的金电极在含与不含 0.001 mol/L 氟化钠的 $1×10^{-4}$ mol/L铁氰化钾溶液 （支持电解质为 pH 值 3.0 的 0.1 mol/L 磷酸缓冲） 中的方波伏安图。由图 2-18 可知，当溶液中不含 0.001 mol/L 氟化钠时，可以在 0.27 V 处观察到一个明显的铁氰化钾还原峰 （图 2-18，实线）。而当溶液中含 0.001 mol/L 氟化钠时，在 0.27 V 处观察到的铁氰化钾还原峰电流值发生明显降低 （图 2-18，虚线）。这一现象表明溶液中的氟离子与

修饰电极表面的聚间氨基苯硼酸纳米材料膜上的硼酸基团发生了相互作用，抑制了铁氰化钾在石墨烯–聚间氨基苯硼酸纳米复合材料修饰的金电极表面

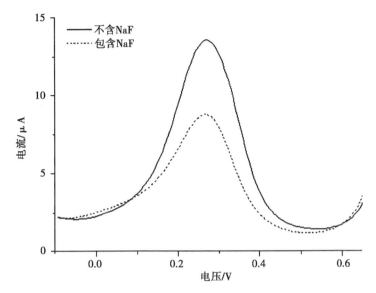

图 2-18　石墨烯–聚间氨基苯硼酸纳米复合材料修饰的金电极在含与不含 0.001 mol/L 氟化钠的 1×10⁻⁴ mol/L 铁氰化钾溶液（支持电解质为 pH 值 3.0 的 0.1 mol/L 磷酸缓冲）中的方波伏安图（间氨基苯硼酸聚合圈数为 40 圈）

的电荷转移，导致铁氰化钾的还原峰电流值发生变化。在此基础上，进一步考察了不同的间氨基苯硼酸聚合圈数下制备的石墨烯–聚间氨基苯硼酸纳米复合材料修饰的金电极在含与不含 0.001 mol/L 氟化钠的 1×10⁻⁴ mol/L 铁氰化钾溶液（支持电解质为 pH 值 3.0 的 0.1 mol/L 磷酸缓冲）中的铁氰化钾还原峰电流变化（图 2-19）。由图 2-19 可知，当间氨基苯硼酸的聚合圈数从 10 圈增加到 50 圈时，在不含 0.001 mol/L 氟化钠的溶液中，间氨基苯硼酸的聚合圈数为 40 圈时得到的铁氰化钾还原峰电流信号最大（图 2-19，实线）；而在含 0.001 mol/L 氟化钠的溶液中，间氨基苯硼酸的聚合圈数为 30 圈时得到的铁氰化钾还原峰电流信号最大（图 2-19，虚线）。与在不含 0.001 mol/L 氟化钠的溶液中得到的铁氰化钾还原峰电流信号相比，间氨基苯硼酸聚合圈数为 40 圈时制备的石墨烯–聚间氨基苯硼酸纳米复合材料修饰的金电极在含 0.001 mol/L 氟化钠溶液中引起的铁氰化钾还原峰电流信号降低幅度最大。

综合考虑上述实验结果，选择间氨基苯硼酸聚合圈数为 40 圈获得的聚

间氨基苯硼酸纳米材料膜厚度为最佳厚度进行后续氟离子的检测。

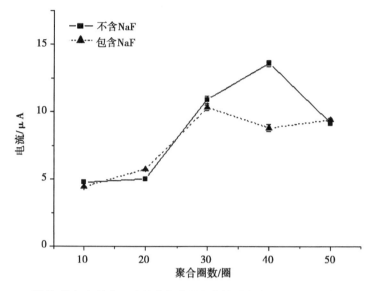

图 2-19 石墨烯–聚间氨基苯硼酸纳米复合材料修饰的金电极在含与不含 **0.001 mol/L**
氟化钠的 $1×10^{-4}$ mol/L 铁氰化钾溶液（支持电解质为 pH 值 **3.0** 的 **0.1 mol/L**
磷酸缓冲）中的铁氰化钾还原峰电流信号随间氨基苯硼酸聚合圈数的变化关系图

（5）电极浸泡时间的选择

采用方波伏安法考察了电极浸泡时间对石墨烯–聚间氨基苯硼酸纳米复合材料修饰的金电极电化学检测氟离子的影响。图 2-20 为不同的电极浸泡时间下石墨烯–聚间氨基苯硼酸纳米复合材料修饰的金电极在含 0.001 mol/L氟化钠的 $1×10^{-4}$ mol/L 铁氰化钾溶液（支持电解质为 pH 值 3.0 的0.1 mol/L磷酸缓冲）中的方波伏安图。由图 2-20 可知，随着电极浸泡时间从 0 min 逐渐延长至 25 min，铁氰化钾的还原峰电流值不断降低，而且开始时的下降速度较快，之后逐渐趋于稳定。通过绘制铁氰化钾的还原峰电流值与电极浸泡时间关系图，可以看出石墨烯–聚间氨基苯硼酸纳米复合材料修饰的金电极对氟离子的响应在电极浸泡时间为 5 min 时已经渐趋平衡（图 2-21）。这表明将石墨烯–聚间氨基苯硼酸纳米复合材料修饰的金电极在含氟离子的溶液中浸泡 5 min，氟离子与修饰电极表面聚间氨基苯硼酸纳米材料上的硼酸基团的结合已经趋于稳定。因此，后续选择 5 min 为最佳电极浸泡时间进行氟离子的检测。

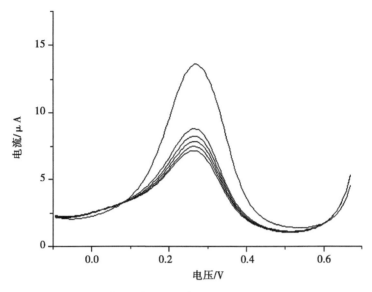

图 2-20　不同电极浸泡时间（从上到下依次为 0 min、5 min、10 min、15 min、20 min 和 25 min）下石墨烯-聚间氨基苯硼酸纳米复合材料修饰的金电极在含 0.001 mol/L 氟化钠的1×10⁻⁴ mol/L铁氰化钾溶液（支持电解质为 pH 值 3.0 的 0.1 mol/L 磷酸缓冲）中的方波伏安图

（6）溶液 pH 值的选择

采用方波伏安法研究了溶液 pH 值对石墨烯-聚间氨基苯硼酸纳米复合材料修饰的金电极电化学检测氟离子的影响。通过测定石墨烯-聚间氨基苯硼酸纳米复合材料修饰的金电极在含与不含 0.001 mol/L 氟化钠的 1×10⁻⁴ mol/L 铁氰化钾溶液（支持电解质为不同 pH 值的 0.1 mol/L 磷酸缓冲）中的方波伏安图，对比铁氰化钾还原峰电流信号随溶液 pH 值的变化（图 2-22）。由图 2-22 可知，与不含 0.001 mol/L 氟化钠的溶液中得到的铁氰化钾还原峰电流信号相比（图 2-22，实线），在不同的溶液 pH 值条件下，石墨烯-聚间氨基苯硼酸纳米复合材料修饰的金电极在含 0.001 mol/L 氟化钠溶液中引起的铁氰化钾还原峰电流信号均呈现降低的趋势，而且溶液 pH 值为 3.0 时引起的铁氰化钾还原峰电流信号的降低幅度最大（图 2-22，虚线）。因此，选择 pH 值 3.0 为最佳溶液 pH 值进行后续氟离子的检测。

（7）石墨烯-聚间氨基苯硼酸纳米复合材料修饰的金电极对不同浓度氟离子的响应

图 2-23 为石墨烯-聚间氨基苯硼酸纳米复合材料修饰的金电极在含不

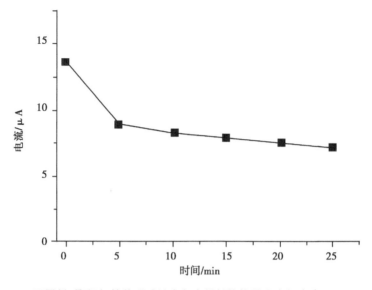

图 2-21　石墨烯-聚间氨基苯硼酸纳米复合材料修饰的金电极在含 0.001 mol/L
氟化钠的 1×10⁻⁴ mol/L 铁氰化钾溶液（支持电解质为 pH 值 3.0 的 0.1 mol/L
磷酸缓冲）中的铁氰化钾还原峰电流随电极浸泡时间的变化关系图

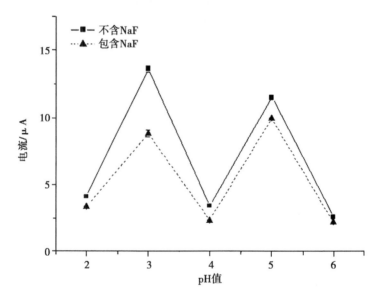

图 2-22　石墨烯-聚间氨基苯硼酸纳米复合材料修饰的金电极在含与不含
0.001 mol/L 氟化钠的 1×10⁻⁴ mol/L 铁氰化钾溶液（支持电解质为不同 pH 值的
0.1 mol/L 磷酸缓冲）中的铁氰化钾还原峰电流信号随溶液 pH 值的变化关系图

同浓度氟化钠的 1×10^{-4} mol/L 铁氰化钾溶液（支持电解质为 pH 值 3.0 的 0.1 mol/L 磷酸缓冲）中的方波伏安图。随着溶液中氟化钠的浓度从 1×10^{-10} mol/L 不断增加至 1×10^{-1} mol/L，铁氰化钾的还原峰电流值呈现不断

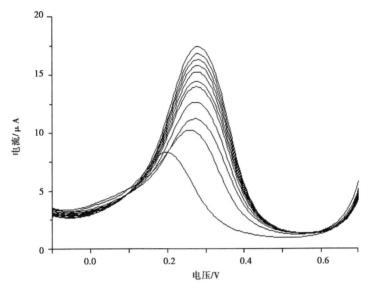

图 2-23　石墨烯-聚间氨基苯硼酸纳米复合材料修饰的金电极在含不同浓度氟化钠

（从上到下氟化钠浓度依次为 0 mol/L、1×10^{-10} mol/L、1×10^{-9} mol/L、1×10^{-8} mol/L、

1×10^{-7} mol/L、1×10^{-6} mol/L、1×10^{-5} mol/L、1×10^{-4} mol/L、1×10^{-3} mol/L、1×10^{-2} mol/L

和 1×10^{-1} mol/L）的 1×10^{-4} mol/L 铁氰化钾溶液（支持电解质为 pH 值 3.0 的 0.1 mol/L

磷酸缓冲）中的方波伏安图

降低的趋势。这主要是由于随着溶液中氟化钠浓度的逐渐增加，氟离子会不断共价键合在修饰电极表面的聚间氨基苯硼酸纳米材料膜的硼酸基团上，导致硼酸基团所带的负电荷不断增多；硼酸基团所带负电荷的不断增多使得它对铁氰化钾在修饰电极表面的电荷转移产生更强烈的排斥作用，因此，观察到铁氰化钾还原峰电流值随氟离子浓度不断增大而持续降低的现象。此外，在含高浓度的氟离子溶液（如浓度高于 1×10^{-3} mol/L）中，可以观察到铁氰化钾的还原峰位置向负方向发生明显的偏移，这可能是由于电极表面发生的络合反应导致的电催化现象所致[60]。经拟合，铁氰化钾还原峰电流 I 与氟离子浓度的对数 lg [F−] 分别在 $1 \times 10^{-10} \sim 1 \times 10^{-5}$ mol/L 和 $1 \times 10^{-5} \sim 1 \times 10^{-1}$ mol/L 浓度范围内呈现良好的线性关系（图 2-24）。其中，$1 \times 10^{-10} \sim 1 \times 10^{-5}$ mol/L 浓度范围内对应的线性拟合方程为 I（μA）$= 11.267 - 0.580$ lg [F−]（mol/L）

（n=6，相关系数为-0.9965）；而 $1\times10^{-5}\sim1\times10^{-1}$ mol/L 浓度范围内对应的线性拟合方程为 I（μA）= 7.530-1.330 lg［F^-］（mol/L）（n = 5，相关系数为-0.9961）。由两个线性拟合方程的斜率值大小可以看出石墨烯-聚间氨基苯硼

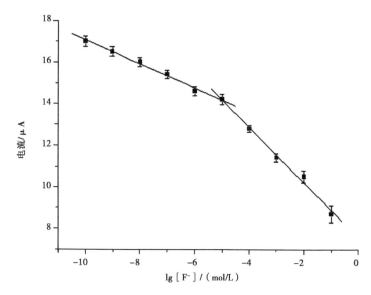

图 2-24　石墨烯-聚间氨基苯硼酸纳米复合材料修饰的金电极在含不同
浓度氟化钠（$1\times10^{-10}\sim1\times10^{-1}$ mol/L）的 1×10^{-4} mol/L 铁氰化钾
溶液（支持电解质为pH 值3.0 的 0.1 mol/L 磷酸缓冲）中铁氰化钾的还原
峰电流随氟离子浓度的变化关系图

酸纳米复合材料修饰的金电极在高浓度线性响应范围内对氟离子的检测较在低浓度线性响应范围内更为灵敏。两段线性响应范围可能与修饰电极表面的聚间氨基苯硼酸纳米材料膜的硼酸基团与溶液中的氟离子发生的逐级络合反应平衡有关（图 2-25）[44,46,61]。当溶液中的氟离子与修饰电极表面的聚间氨基苯硼酸纳米材料膜的硼酸基团发生络合反应时，氟离子首先占据硼酸基团中硼原子空的 p 轨道。这使得硼原子的杂化方式由 sp^2 杂化转变为 sp^3 杂化，同时形成带负电荷的络合物。由于硼-氧键在酸性条件下不稳定，硼原子上的羟基基团将逐步被溶液中的氟离子取代[46,61]。当溶液中的氟离子浓度低于 1×10^{-5} mol/L时，可能硼酸基团中的硼原子与氟离子之间发生 1∶1 的络合反应为主[44]。而当溶液中的氟离子浓度高于 1×10^{-5} mol/L 时，硼酸基团中的硼原子与氟离子之间发生1∶2和 1∶3 的络合反应。尽管各级反应产生的净电荷数均为一个单位的负电荷，当溶液中的氟离子浓度高于

$1×10^{-5}$ mol/L时，硼酸基团所带的负电荷数总体上会有少量的增加。因此，带更多负电荷的硼酸基团将会对铁氰化钾在石墨烯–聚间氨基苯硼酸纳米复合材料修饰的金电极表面的还原反应产生更明显的排斥作用，导致铁氰化钾还原峰电流在相同倍数的氟离子浓度变化范围内发生更为明显的降低，从而实现对氟离子更为灵敏的响应。本研究建立的电化学氟离子传感器的检出限为 $9×10^{-11}$ mol/L（信噪比为3）。

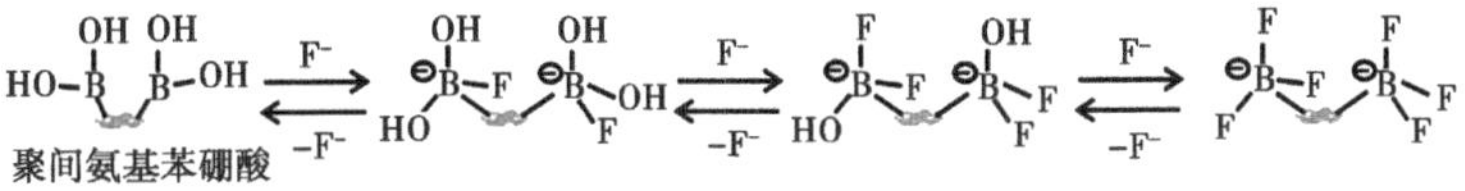

图 2-25　修饰电极表面的聚间氨基苯硼酸纳米材料膜上的硼酸基团与溶液中氟离子的逐级络合反应平衡图

　　表 2-1 为已报道的电化学氟离子传感器与本研究建立的电化学氟离子传感器在分析性能上的对比。由表 2-1 可知，与已报道的电化学氟离子传感器的分析性能相比，本研究建立的电化学氟离子传感器响应时间短，而且在响应范围和检出限方面存在明显的优势。超宽的响应范围及超低的检出限可能是由于本研究构建的石墨烯–聚间氨基苯硼酸纳米复合材料具有高比表面积的特殊纳米结构所致。

表 2-1　已报道的电化学氟离子传感器与本研究建立的电化学氟离子传感器在分析性能上的对比

修饰电极材料	检测方法	响应时间（s）	响应范围（mol/L）	检出限（mol/L）	参考文献
氟化镧	电位法	–	$1×10^{-6}$~$1×10^{-1}$	–	[38]
铝卟啉衍生物[a]	电位法	30~90	$7.94×10^{-7}$~$2×10^{-4}$	$2.2×10^{-6}$	[42]
六氟铁酸根	方波伏安法	–	$5×10^{-6}$~$2.5×10^{-5}$	$6×10^{-7}$	[43]
苯硼酸-杯芳烃衍生物[b]	阻抗法	–	$1×10^{-8}$~$1×10^{-1}$	–	[44]
4-巯基苯硼酸	方波伏安法	300	$1×10^{-8}$~$1×10^{-2}$	–	[47]
聚间氨基苯硼酸	电位法	20	$5×10^{-4}$~$5×10^{-2}$	–	[45]
石墨烯-聚间氨基苯硼酸	方波伏安法	300	$1×10^{-10}$~$1×10^{-1}$	$9×10^{-11}$	本研究

[a] 铝卟啉衍生物：结构为 2,7,12,17-四叔丁基-5,10,15,20-四氮杂铝卟啉。

[b] 杯芳烃衍生物：结构为对叔丁基杯[4]芳烃四乙基酯。

(8) 选择性

采用方波伏安法考察了其他卤素离子对石墨烯-聚间氨基苯硼酸纳米复合材料修饰的金电极电化学检测氟离子的影响。通过对比石墨烯-聚间氨基苯硼酸纳米复合材料修饰的金电极在含 0.001 mol/L 氟化钠的 1×10^{-4} mol/L 铁氰化钾溶液（支持电解质为 pH 值 3.0 的 0.1 mol/L 磷酸缓冲）或含 0.001 mol/L 其他卤化钠的 1×10^{-4} mol/L 铁氰化钾溶液（支持电解质为 pH 值 3.0 的 0.1 mol/L 磷酸缓冲）中的方波伏安图，获得归一化的铁氰化钾还原峰电流在含不同卤素离子溶液中的变化图（图 2-26）。由图 2-26 可知，由其他卤素离子引起的铁氰化钾还原峰电流相对变化值均在 4% 以内。这表明石墨烯-聚间氨基苯硼酸纳米复合材料修饰的金电极对氟离子的检测具有良好的选择性。

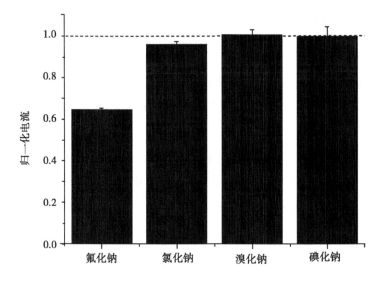

图 2-26　归一化的铁氰化钾还原峰电流在含不同卤素离子溶液中的变化图

(9) 重现性

采用方波伏安法考察了同一和不同石墨烯-聚间氨基苯硼酸纳米复合材料修饰的金电极对氟离子检测的重现性。通过对比同一根石墨烯-聚间氨基苯硼酸纳米复合材料修饰的金电极在含 0.001 mol/L 氟化钠的 1×10^{-4} mol/L 铁氰化钾溶液（支持电解质为 pH 值 3.0 的 0.1 mol/L 磷酸缓冲）中平行测定多次的方波伏安图，考察同一根修饰电极对氟离子检测的重现性。采用同一根石墨烯-聚间氨基苯硼酸纳米复合材料修饰的金电极对含 0.001 mol/L

氟离子的溶液平行测定 11 次，铁氰化钾还原峰电流的相对标准偏差为1.1%，这表明同一根修饰电极对氟离子检测的重现性良好。通过对比采用相同方法制备的几根不同的石墨烯–聚间氨基苯硼酸纳米复合材料修饰的金电极在含 0.001 mol/L 氟化钠的 1×10^{-4} mol/L 铁氰化钾溶液（支持电解质为pH 值 3.0 的 0.1 mol/L 磷酸缓冲）中平行测定的方波伏安图，考察几根不同的修饰电极对氟离子检测的重现性及电极制作过程的重现性。采用三根不同的石墨烯–聚间氨基苯硼酸纳米复合材料修饰地金电极对含 0.001 mol/L 氟离子的溶液进行平行测定，铁氰化钾还原峰电流的相对标准偏差为14.7%，这表明采用相同方法制备的不同修饰电极对氟离子检测的重现性及该修饰电极制作过程的重现性是可接受的。

（10）水样中氟离子浓度的测定

为验证本研究建立的电化学氟离子传感器在实际应用中的可能性，采用标准加入法对井水和市售矿泉水两种水样中氟离子的浓度进行检测。首先，配制含稀释了 100 倍的水样和各种不同标准浓度氟离子的 1×10^{-4} mol/L 铁氰化钾溶液（支持电解质为 pH 值 3.0 的 0.1 mol/L 磷酸缓冲）。然后，采用方波伏安法分别测定石墨烯–聚间氨基苯硼酸纳米复合材料修饰的金电极在上述每种混合溶液中的电化学行为。最后，对所得的铁氰化钾还原峰电流结果与氟离子标准浓度的对数进行拟合，绘制标准曲线，获得标准曲线拟合方程，进一步推算不同水样中氟离子的浓度。经拟合与推算，稀释了 100 倍的井水和矿泉水两种水样中氟离子的浓度分别为 0.24 μmol/L 和 0.02 μmol/L，回收率为 90.1%～124.8%（表 2-2）。这些结果表明本研究建立的电化学氟离子传感器可以成功用于实际样品分析。

表 2-2　稀释 100 倍的井水和矿泉水两种水样中氟离子浓度的检测（$n=3$）

样品	样品浓度（μmol/L）	加入浓度（μmol/L）	测出的总浓度（μmol/L）	回收率（%）
稀释的井水	0.24	3.00	3.53	109.7
		4.00	5.19	123.8
		10.00	9.25	90.1
稀释的矿泉水	0.02	3.00	2.83	93.7
		4.00	5.01	124.8
		10.00	10.28	102.6

3. 小结

本研究采用电化学沉积法和电化学聚合法依次将石墨烯纳米材料和聚间氨基苯硼酸纳米材料修饰在裸金电极的表面，制得石墨烯-聚间氨基苯硼酸纳米复合材料修饰的金电极。通过扫描电子显微镜表征裸金电极、石墨烯纳米材料修饰的金电极和石墨烯-聚间氨基苯硼酸纳米复合材料修饰的金电极的表面形貌特征，结果表明石墨烯-聚间氨基苯硼酸纳米复合材料修饰的金电极表面存在大量直径为几十纳米至几百纳米的微球结构，可以显著地提高修饰电极的比表面积。采用电化学法表征裸金电极、石墨烯纳米材料修饰的金电极、聚间氨基苯硼酸纳米材料修饰的金电极和石墨烯-聚间氨基苯硼酸纳米复合材料修饰的金电极，结果表明将石墨烯-聚间氨基苯硼酸纳米复合材料修饰在裸金电极表面可以显著地提高电极的比表面积和导电性，与用扫描电子显微镜表征获得的实验结果一致。这些结果表明采用电化学沉积法和电化学聚合法可以成功制得石墨烯-聚间氨基苯硼酸纳米复合材料修饰的金电极，而且这种修饰电极制作方法具有简单、快捷、可控等优点。本研究制得的石墨烯-聚间氨基苯硼酸纳米复合材料修饰的金电极具有高的比表面积和良好的导电性，基于此复合材料修饰电极构建的电化学传感器有望实现对分析物的高灵敏检测。

在此基础上，本研究基于石墨烯-聚间氨基苯硼酸纳米复合材料修饰的金电极建立了一种新型的电化学氟离子传感器。实验结果表明：①最佳的实验条件为石墨烯沉积电位$-1.2\ \mathrm{V}$、沉积时间$800\ \mathrm{s}$，间氨基苯硼酸单体的聚合圈数40圈，电极浸泡时间$5\ \mathrm{min}$，溶液pH值3.0；②在最佳的实验条件下，传感器对氟离子浓度的响应范围为$1\times10^{-10}\sim1\times10^{-1}\ \mathrm{mol/L}$，检出限为$9\times10^{-11}\ \mathrm{mol/L}$；③传感器的选择性和重现性良好；④将建立的传感器用于井水和矿泉水两种水样中氟离子浓度的测定，准确度高。本研究建立的电化学检测氟离子新方法具有操作简单、分析时间短、响应范围宽、灵敏度高、选择性好等优点，有望进一步用于其他食品中氟元素含量的检测，对预防龋齿和地方性氟病等疾病的发生具有重要意义。

第三节　食品中糖类物质分析

一、食品中糖类物质概述

糖类又称为碳水化合物，是具有多羟基醛或多羟基酮的一类化合物。根据水解程度，可以将糖类物质分为单糖、低聚糖和多糖三大类。其中，单糖是结构最简单、不能再被水解为更小单位的糖类物质，是构成低聚糖和多糖的基本结构单元。自然界中最常见、最重要的单糖为葡萄糖和果糖。葡萄糖和果糖主要存在于蔬菜和水果中。低聚糖是指能水解产生 2~10 个单糖分子的糖类物质。根据水解后产生单糖分子数目的不同，可以将低聚糖分为二糖、三糖、四糖、五糖等。在低聚糖中，以二糖最为重要，如蔗糖、乳糖、麦芽糖等。蔗糖在甘蔗和甜菜中含量较高，乳糖是动物乳汁中的主要糖类物质，麦芽糖在麦芽中含量较高。多糖是指能水解产生大于 10 个单糖分子的糖类物质，如淀粉、纤维素、果胶、糖原等。淀粉主要存在于农作物的籽粒（如小麦、玉米）、块茎（如土豆）、根（如木薯、甘薯）中。纤维素主要存在于水果、蔬菜的表皮及谷物的麸糠中。果胶在水果和蔬菜的表皮中含量较高。糖原在动物肝脏中含量较高。

糖类物质是人类维持生命活动所需能量的主要来源，是构成机体的重要物质，同时具有预防便秘、抗肿瘤、抗病毒等生理功能[2]。在食品中，糖类物质不但具有营养价值，而且可以作为甜味剂、增稠剂和稳定剂，同时也是食品加工过程中产生香味和色泽的前体物质，对食品的感官品质起着重要作用[1]。

通过对食品中糖类物质的测定，可以了解食品中糖类物质的组成及含量，对评价食品的营养价值、改善食品加工工艺、控制食品的色泽和风味等方面具有重要的作用和意义。

二、食品中果糖和葡萄糖的测定方法研究

糖类物质的检测对食品分析、临床诊断、医药行业产品质量控制等领域具有重要的意义。近年来，国内外研究者已经发展多种方法进行糖类物质的检测，主要包括气相色谱法[62]、高效液相色谱法[63-66]、气相色谱-质谱联用法[67-69]、高效液相色谱-质谱联用法[70,71]、毛细管电泳法[72]、荧光光谱法[73,74]、电化学分析法[75-80]等。在这些检测方法中，电化学分析法具有成本低、分析时间短、灵敏度高、选择性好等优点，广泛用于糖类物质的测定，特别是对葡萄糖的检测。这主要是由于血液中葡萄糖的浓度是糖尿病早期诊断的主要依据。糖尿病是一种常见的慢性疾病。随着城市化、老龄化进程的加快及人们生活方式的改变，我国糖尿病的患病率呈现逐年上升、年轻化的趋势。长期患糖尿病，容易导致心脏、血管、肾脏等组织受损，引发

多种糖尿病并发症如心脏病、肾衰竭等。糖尿病及其并发症不仅严重影响患者的身心健康，还会给患者家庭和社会造成沉重的经济负担。每年由此产生的医疗费用高达数千亿元。因此，血糖的快速、准确检测对糖尿病及其并发症的预防和控制尤为重要。目前，研究最多的血糖检测方法为酶葡萄糖电化学传感器。在过去的几十年中，国内外研究者已经开发出多种酶葡萄糖电化学传感器[81,82]，而且其中一部分酶葡萄糖电化学传感器已经实现商业化。酶葡萄糖电化学传感器具有分析速度快、灵敏度高、选择性佳等优点。由于酶试剂价格昂贵而且固定在电极表面的酶在制作、储存及使用过程中容易因温度、pH值等环境条件的变化而失活，这使得酶葡萄糖电化学传感器的稳定性、准确度等性能受到影响。为了克服这些缺陷，近年来，基于非酶葡萄糖电化学传感器的研究日益受到国内外研究者的广泛关注[75,83,84]，但其灵敏度还有待提高。因此，建立一种廉价、快速、灵敏、稳定、准确的非酶葡萄糖电化学传感器对血糖检测是非常必要的。

有机硼酸化合物可以选择性的识别二醇类物质如糖类物质，两者可以在中性溶液和碱性溶液中共价键合形成五元环或六元环的酯类物质，利用这一性质可以进行二醇类物质的检测和分离[56,85-90]。由于具有成本低、可以采用电化学法一步合成等优点，聚氨基苯硼酸导电聚合物如聚间氨基苯硼酸广泛用于设计非酶电化学传感器并且将这些传感器用于不同的糖类物质[56,85-87]和其他物质如碘离子[11]、氟离子[45]、唾液酸[55]、糖化血红蛋白[57]、多巴胺[91]等物质的检测。除可以用单一的聚间氨基苯硼酸材料进行检测外，也有关于聚间氨基苯硼酸与其他材料组成的复合材料进行电化学传感检测的报道。例如，可以采用碳纳米管-聚间氨基苯硼酸复合材料修饰电极构建非酶糖类物质电化学传感器[89]，并将此传感器用于果糖和葡萄糖的测定，但它也存在灵敏度较低、响应范围较窄等缺陷。石墨烯及其衍生物是近十余年快速发展起来的一类二维碳纳米材料，由于具有比表面积大、导电性好等优点，广泛用于传感检测、能源、药物传递、生物成像等领域[19,48,49,92-95]。本研究拟基于石墨烯-聚间氨基苯硼酸纳米复合材料修饰电极和硼酸-二醇识别作用建立一种新型的非酶电化学检测糖类物质的传感器。首先，通过电化学沉积法和电化学聚合法制得实验所用的石墨烯-聚间氨基苯硼酸纳米复合材料修饰的金电极。然后，将制备的石墨烯-聚间氨基苯硼酸纳米复合材料修饰的金电极置于溶有糖类物质和铁氰化钾的混合溶液中，糖类物质就会共价键合到硼原子上形成五元环或六元环的酯类物质，该环状物质可以对铁氰化钾在电极表面的还原反应产生空间位阻效应，引起铁氰化钾的还原峰电流信号降低，借此实现对糖类物质的间接检测。以果糖和葡萄糖为研究对象，考察了传感器的响应性能。

1. 实验及方法

（1）实验材料与仪器

氧化石墨购自南京先丰纳米材料科技有限公司。果糖、葡萄糖、多巴胺、尿酸、赖氨酸、草酸、蔗糖、氟化钠、氯化钠、溴化钾、碘化钠、氯化钙、氯化钾、氯化镁、硝酸铝、硝酸锌、硫酸铜、间氨基苯硼酸、铁氰化钾、高氯酸锂、氢氧化钠、磷酸二氢钠、磷酸氢二钠等化学试剂均为分析纯试剂，购自上海阿拉丁生化科技股份有限公司。

0.1 mol/L 磷酸缓冲溶液由磷酸二氢钠和磷酸氢二钠配制，并用 0.1 mol/L 磷酸和 0.1 mol/L 氢氧化钠调整缓冲溶液 pH 值为 3.0。

3 mg/mL 氧化石墨烯胶体溶液（支持电解质为 0.1 mol/L 高氯酸锂）和 0.04 mol/L 间氨基苯硼酸单体溶液（支持电解质为 0.2 mol/L 盐酸和 0.05 mol/L 氯化钠）用于石墨烯−聚间氨基苯硼酸复合材料修饰电极的制作。

不同浓度的果糖溶液（$1×10^{-12} \sim 1×10^{-2}$ mol/L）和不同浓度的葡萄糖溶液（$1×10^{-14} \sim 1×10^{-3}$ mol/L）的支持电解质均为 $1×10^{-3}$ mol/L 铁氰化钾和 pH 值 3.0 的 0.1 mol/L 磷酸缓冲。

实验所用仪器设备包括 PHS-3C 酸度计（上海仪电科学仪器有限公司）、KX-1990QT 超声波清洗器（北京科玺世纪科技有限公司）、Autolab PGSTAT 302N 电化学工作站（Metrohm 瑞士万通中国有限公司）及三电极系统（上海仙仁仪器仪表有限公司）等。三电极系统由金工作电极、参比溶液为 3 mol/L 氯化钾的银−氯化银参比电极和铂丝对电极组成。

（2）石墨烯−聚间氨基苯硼酸纳米复合材料修饰的金电极的制备

参照作者先前报道的电极制作方法制备石墨烯−聚间氨基苯硼酸纳米复合材料修饰的金电极[96]，即采用两步电化学法制备所用电极。第一步，采用电化学沉积法将氧化石墨烯修饰在裸金电极的表面制得石墨烯纳米材料修饰的金电极；第二步，采用电化学聚合法将间氨基苯硼酸单体聚合在石墨烯纳米材料修饰的金电极表面，制得石墨烯−聚间氨基苯硼酸纳米复合材料修饰的金电极。将制备的石墨烯−聚间氨基苯硼酸纳米复合材料修饰的金电极作为工作电极，进行后续果糖和葡萄糖的电化学检测。

（3）电化学检测果糖和葡萄糖方法

将石墨烯−聚间氨基苯硼酸纳米复合材料修饰的金工作电极、银−氯化银参比电极（参比溶液为 3 mol/L 氯化钾）和铂丝对电极与电化学工作站的相应电极夹连接好，并且将这三种电极同时浸入含某一浓度糖类物质和铁氰化钾的混合溶液中。溶液中的糖类物质将与修饰电极表面聚间氨基苯硼酸纳米材料薄膜上的硼酸基团发生共价键合，并且形成五元环或六元环的酯类物质，该环状物质可以对铁氰化钾探针 Fe(CN)$_6^{3-}$ 在电极表面的电荷转移产生空间位阻效应，同时引起铁氰化钾的还原峰电流信号降低（图2-27）。借助铁氰化钾探针 Fe(CN)$_6^{3-}$ 在修饰电极表面产生的还原峰电流信号变化，实现石墨烯-聚间氨基苯硼酸纳米复合材料修饰电极对糖类物质的间接电化学检测。

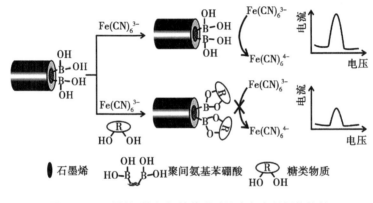

图 2-27　石墨烯-聚间氨基苯硼酸纳米复合材料修饰的
金电极电化学检测糖类物质的原理示意图

在测定糖类物质前，首先考察了方波伏安法参数对石墨烯-聚间氨基苯硼酸纳米复合材料修饰的金电极电化学行为的影响。以 $1×10^{-3}$ mol/L 铁氰化钾溶液（支持电解质为 pH 值 3.0 的 0.1 mol/L 磷酸缓冲）为研究对象，考察了阶跃电位、振幅和频率等方波伏安法参数对石墨烯-聚间氨基苯硼酸复合材料修饰的金电极电化学行为的影响。然后，采用方波伏安法考察了铁氰化钾探针 Fe(CN)$_6^{3-}$ 的存在对石墨烯-聚间氨基苯硼酸纳米复合材料修饰的金电极电化学检测糖类物质的影响。以果糖为研究对象，采用方波伏安法对比了石墨烯-聚间氨基苯硼酸纳米复合材料修饰的金电极在溶液中不含与含 $1×10^{-3}$ mol/L 铁氰化钾时对 $1×10^{-5}$ mol/L 果糖（支持电解质为 pH 值 3.0 的 0.1 mol/L 磷酸缓冲）的响应信号。最后，在最佳的实验条件下，采用方波伏安法研究了石墨烯-聚间氨基苯硼酸纳米复合材料修饰的金电极电化学检测果糖和葡萄糖的响应范围、检出限、重现性、选择性等性能。

2. 结果与分析

(1) 方波伏安法参数的影响

以 1×10^{-3} mol/L 铁氰化钾溶液（支持电解质为 pH 值 3.0 的 0.1 mol/L 磷酸缓冲）为研究对象，考察了方波伏安法参数阶跃电位、振幅和频率对石墨烯–聚间氨基苯硼酸纳米复合材料修饰的金电极电化学行为的影响。随着阶跃电位从 1 mV 逐渐增加至 8 mV，铁氰化钾的还原峰电流值逐渐增加并且在阶跃电位为 5 mV 时趋于稳定，因此，选择 5 mV 为最佳的阶跃电位进行后续实验。当振幅从 5 mV 不断增加至 30 mV 时，铁氰化钾的还原峰电流值不断增大，而且铁氰化钾的还原峰电流值与振幅在 5~30 mV 范围内呈现良好的线性关系。随着频率从 1 Hz 逐渐增加至 30 Hz，铁氰化钾的还原峰电流值也不断增大，而且铁氰化钾的还原峰电流值与频率在 1~30 Hz 范围内同样呈现良好的线性关系。与此同时，背景电流值也随着振幅或频率的增加不断增大。因此，为得到相对快速和灵敏的方波伏安响应信号，选择适中的振幅 20 mV 和频率 10 Hz 进行后续研究。

(2) 铁氰化钾探针 $Fe(CN)_6^{3-}$ 的影响

以果糖为研究对象，考察了铁氰化钾探针 $Fe(CN)_6^{3-}$ 的存在对糖类物质电化学检测的影响。图 2-28 和图 2-29 分别为石墨烯–聚间氨基苯硼酸纳米复合材料修饰的金电极在溶液中不含与含 1×10^{-3} mol/L 铁氰化钾时对 1×10^{-5} mol/L果糖（支持电解质为 pH 值 3.0 的 0.1 mol/L 磷酸缓冲）的方波伏安响应图。由图 2-28 可知，当溶液中同时不含 1×10^{-5} mol/L 果糖和 1×10^{-3} mol/L 铁氰化钾时，可以在 0.23 V 观察到一个尖锐的还原峰（图 2-28，实线）。由于测量溶液仅为 pH 值 3.0 的 0.1 mol/L 磷酸缓冲，这些磷酸盐电解质在测定的电位窗口范围内较稳定，即它们在测定的电位窗口范围内不易发生氧化还原反应，因此，观察到的还原峰是由聚间氨基苯硼酸纳米材料在电极表面的还原反应引起的。当溶液中含 1×10^{-5} mol/L 果糖但不含 1×10^{-3} mol/L铁氰化钾时，可以观察到 0.23 V 处的聚间氨基苯硼酸纳米材料还原峰电流信号较溶液中同时不含 1×10^{-5} mol/L 果糖和 1×10^{-3} mol/L 铁氰化钾时得到的还原峰电流信号降低0.4 μA（图 2-28，虚线）。这些结果表明溶液中的果糖可以与修饰电极表面的聚间氨基苯硼酸纳米材料发生相互作用，导致石墨烯–聚间氨基苯硼酸纳米复合材料的导电性变差，引起聚间氨基苯硼酸纳米材料还原峰电流信号的下降。而当溶液中不含 1×10^{-5} mol/L果糖但含 1×10^{-3} mol/L 铁氰化钾时，可以在 0.27 V 处观察到铁氰化钾的还原峰而且还原峰电流值较溶液中同时不含 1×10^{-5} mol/L 果糖和 1×10^{-3} mol/L 铁氰化钾时得到的还原峰电流信号明显增加（图2-29，实线）。当溶液中同时含 1×10^{-5} mol/L 果糖和 1×10^{-3} mol/L 铁氰化钾时，观察到铁氰化钾的还原峰位置从 0.27 V 移动至 0.25 V，而且得到的铁氰化钾还原峰电流较溶液中不含 1×10^{-5} mol/L 果糖但含 1×10^{-3} mol/L 铁氰化钾时获得的还原峰电流信号降低 8.5 μA（图2-29，虚线）。这些结果表明当铁氰化钾探针$Fe(CN)_6^{3-}$存在时，采用石墨烯-聚间氨基苯硼酸纳米复合材料修饰的金电极检测果糖时获得的铁氰化钾还原峰电流信号较铁氰化钾探针不存在时的聚间氨基苯硼酸纳米材料还原峰电流信号降低幅度提高近 20 倍。因此，为实现糖及其衍生物的灵敏电化学检测，选择溶液中加入铁氰化钾探针$Fe(CN)_6^{3-}$进行后续的研究。

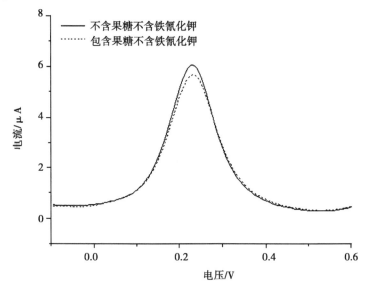

图 2-28　石墨烯-聚间氨基苯硼酸纳米复合材料修饰的金电极在溶液中
不含 1×10^{-3} mol/L 铁氰化钾时对 1×10^{-5} mol/L 果糖（支持电解质为
pH 值 3.0 的0.1 mol/L磷酸缓冲）的方波伏安图

（3）石墨烯-聚间氨基苯硼酸纳米复合材料修饰的金电极对不同浓度果糖和葡萄糖的响应

图 2-30 为石墨烯-聚间氨基苯硼酸纳米复合材料修饰的金电极在含不同浓度果糖的 1×10^{-3} mol/L 铁氰化钾溶液（支持电解质为 pH 值 3.0 的 0.1 mol/L磷酸缓冲）中的方波伏安图。与溶液中不存在果糖时获得的方波

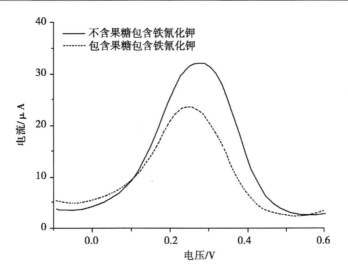

图 2-29　石墨烯–聚间氨基苯硼酸纳米复合材料修饰的金电极在溶液中
含 $1×10^{-3}$ mol/L 铁氰化钾时对 $1×10^{-5}$ mol/L 果糖（支持电解质为
pH 值 3.0 的 0.1 mol/L 磷酸缓冲）的方波伏安图

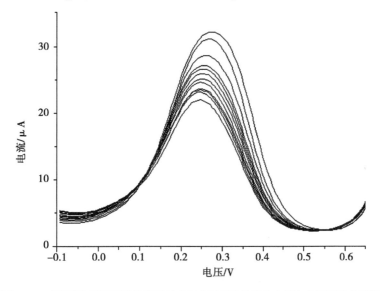

图 2-30　石墨烯–聚间氨基苯硼酸纳米复合材料修饰的金电极在含不同浓度果糖
（从上到下果糖浓度依次为 0 mol/L、$1×10^{-12}$ mol/L、$1×10^{-11}$ mol/L、$1×10^{-10}$ mol/L、
$1×10^{-9}$ mol/L、$1×10^{-8}$ mol/L、$1×10^{-7}$ mol/L、$1×10^{-6}$ mol/L、$1×10^{-5}$ mol/L、$1×10^{-4}$ mol/L、
$1×10^{-3}$ mol/L 和 $1×10^{-2}$ mol/L）的 $1×10^{-3}$ mol/L 铁氰化钾溶液（支持电解质为 pH 值 3.0
的 0.1 mol/L 磷酸缓冲）中的方波伏安图

伏安信号相比，当溶液中含 $1×10^{-12}$ mol/L 果糖时，铁氰化钾在石墨烯-聚间氨基苯硼酸纳米复合材料修饰的金电极上的还原峰电流值呈现降低趋势。这主要是由于溶液中的果糖分子与修饰电极表面的聚间氨基苯硼酸纳米材料膜的硼酸基团发生了共价键合并且形成五元环或六元环的酯类物质，使得修饰电极表面对铁氰化钾探针 $Fe(CN)_6^{3-}$ 产生空间位阻效应，阻碍了铁氰化钾探针 $Fe(CN)_6^{3-}$ 在修饰电极表面的电荷转移，引起铁氰化钾还原峰电流信号的降低。随着溶液中果糖的浓度从 $1×10^{-12}$ mol/L 不断增加至 $1×10^{-2}$ mol/L，铁氰化钾的还原峰电流值不断降低。这主要是由于随着溶液中果糖浓度的逐渐增加，果糖分子不断共价键合在修饰电极表面的聚间氨基苯硼酸纳米材料膜的硼酸基团上，导致修饰电极表面对铁氰化钾探针 $Fe(CN)_6^{3-}$ 产生的空间位阻效应更加显著，使得铁氰化钾探针 $Fe(CN)_6^{3-}$ 更加难以在修饰电极的表面进行电荷转移，因此，观察到铁氰化钾的还原峰电流值随着果糖分子浓度不断增加而持续降低的趋势。而且，铁氰化钾的还原峰电流值与果糖浓度的对数在 $1×10^{-12}\sim1×10^{-2}$ mol/L 浓度范围内呈现一定的线性关系（图 2-31），检出限为 $1×10^{-12}$ mol/L（信噪比为 3）。

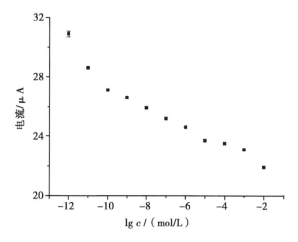

图 2-31　石墨烯-聚间氨基苯硼酸纳米复合材料修饰的金电极在含不同浓度果糖（$1×10^{-12}\sim1×10^{-2}$ mol/L）的 $1×10^{-3}$ mol/L 铁氰化钾溶液（支持电解质为 pH 值 3.0 的 0.1 mol/L 磷酸缓冲）中的铁氰化钾还原峰电流值随果糖浓度的变化关系图

此外，对比了石墨烯-聚间氨基苯硼酸纳米复合材料修饰的金电极和聚间氨基苯硼酸纳米材料修饰的金电极对不同浓度果糖的方波伏安响应。

图 2-32 为聚间氨基苯硼酸纳米材料修饰的金电极在含不同浓度果糖的
$1×10^{-3}$ mol/L铁氰化钾溶液（支持电解质为 pH 值 3.0 的 0.1 mol/L 磷酸缓
冲）中的方波伏安图。由图 2-32 可知，铁氰化钾的还原峰电流值随着溶液
中果糖浓度的不断增加而不断降低，而且铁氰化钾的还原峰电流值与果糖浓

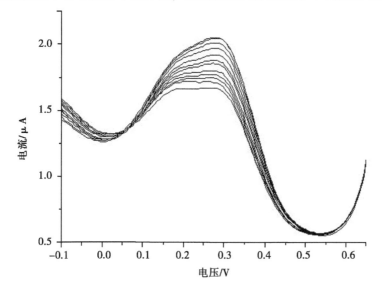

**图 2-32 聚间氨基苯硼酸纳米材料修饰的金电极在含不同浓度果糖（从上
到下果糖浓度依次为 0 mol/L、$1×10^{-12}$ mol/L、$1×10^{-11}$ mol/L、$1×10^{-10}$ mol/L、
$1×10^{-9}$ mol/L、$1×10^{-8}$ mol/L、$1×10^{-7}$ mol/L、$1×10^{-6}$ mol/L、$1×10^{-5}$ mol/L、
$1×10^{-4}$ mol/L、$1×10^{-3}$ mol/L 和 $1×10^{-2}$ mol/L）的 $1×10^{-3}$ mol/L 铁氰化钾溶液
（支持电解质为 pH 值 3.0 的 0.1 mol/L 磷酸缓冲）中的方波伏安图**

度的对数在 $1×10^{-12}$ ~ $1×10^{-2}$ mol/L 浓度范围内也呈现一定的线性关系（图
2-33），检出限为 $1×10^{-12}$ mol/L（信噪比为 3）。然而，聚间氨基苯硼酸纳
米材料修饰的金电极对果糖检测的灵敏度（每 10 倍浓度的果糖导致铁氰化
钾的还原峰电流值降低 32 nA）远低于石墨烯-聚间氨基苯硼酸纳米复合材
料修饰的金电极获得的结果（每 10 倍浓度的果糖导致铁氰化钾的还原峰电
流值降低 818 nA）。这些结果表明将石墨烯纳米材料与聚间氨基苯硼酸纳米
材料集成在一起构建纳米复合材料修饰的金电极可以显著提高聚间氨基苯硼
酸纳米材料膜对果糖检测的灵敏度。

　　表 2-3 为已报道的电化学果糖传感器与本研究建立的电化学果糖传感
器在分析性能上的对比。由表 2-3 可知，与已报道的电化学果糖传感器的

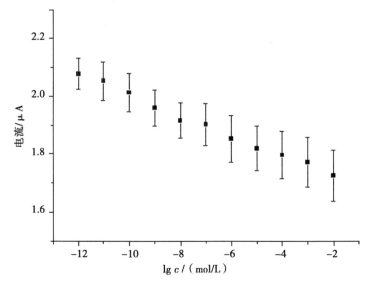

图 2-33 聚间氨基苯硼酸纳米材料修饰的金电极在含不同浓度果糖（1×10^{-12} ~
1×10^{-2} mol/L）的 1×10^{-3} mol/L 铁氰化钾溶液（支持电解质为 pH 值 3.0 的
0.1 mol/L 磷酸缓冲）中的铁氰化钾还原峰电流值随果糖浓度的变化关系图

分析性能相比，本研究建立的电化学果糖传感器在响应范围和检出限方面存
在显著的优势。这可能是由于本研究构建的石墨烯-聚间氨基苯硼酸纳米复
合材料修饰电极在酸性溶液中具有高的比表面积和良好的导电性所致。

表 2-3 已报道的电化学果糖传感器与本研究建立的
电化学果糖传感器在分析性能上的对比

修饰电极材料	检测方法	溶液 pH 值	响应范围 （mol/L）	检出限 （mol/L）	参考文献
聚间氨基苯硼酸	电位法	7.4	3.4×10^{-3} ~ 4.08×10^{-2}	—	[56]
聚间氨基苯硼酸	阻抗法	7.0	1×10^{-10} ~ 1×10^{-2}	—	[86]
聚间氨基苯硼酸纳米管	电位法	7.4	2×10^{-3} ~ 1.4×10^{-2}	2×10^{-4}	[87]
石墨烯-对氨基苯硼酸	差分脉冲伏安法	7.4	2×10^{-7} ~ 8×10^{-5}	1×10^{-7}	[97]
碳纳米管-聚间氨基苯硼酸	电阻法	7.4	1×10^{-3} ~ 1×10^{-2}	2.93×10^{-3}	[89]
石墨烯-聚间氨基苯硼酸	方波伏安法	3.0	1×10^{-12} ~ 1×10^{-2}	1×10^{-12}	本研究

在此基础上，采用方波伏安法考察了石墨烯-聚间氨基苯硼酸纳米复合
材料修饰的金电极对不同浓度葡萄糖（支持电解质为 1×10^{-3} mol/L 铁氰化

钾和 pH 值 3.0 的 0.1 mol/L 磷酸缓冲）的电化学响应。与溶液中不存在葡萄糖时获得的方波伏安信号相比，当溶液中仅含 1×10^{-14} mol/L 葡萄糖时，就可以引起铁氰化钾还原峰电流值的降低。这主要是由于溶液中的葡萄糖分子与修饰电极表面的聚间氨基苯硼酸纳米材料膜上的硼酸基团发生了共价键合并且形成五元环或六元环的酯类物质；这种环状的酯类物质可以在修饰电极表面对铁氰化钾探针 $Fe(CN)_6^{3-}$ 产生空间位阻效应，使得铁氰化钾探针 $Fe(CN)_6^{3-}$ 在修饰电极表面的电荷转移受阻，导致铁氰化钾还原峰电流信号的降低。随着溶液中葡萄糖的浓度从 1×10^{-14} mol/L 不断增加至 1×10^{-3} mol/L，可以观察到铁氰化钾的还原峰电流值持续降低。这主要是由于随着溶液中葡萄糖浓度的逐渐增加，葡萄糖分子不断的共价键合在修饰电极表面的聚间氨基苯硼酸纳米材料膜的硼酸基团上，使得修饰电极表面对铁氰化钾探针 $Fe(CN)_6^{3-}$ 产生的空间位阻效应变得更加显著，导致铁氰化钾探针 $Fe(CN)_6^{3-}$ 更加难以在修饰电极的表面进行电荷转移，因此，观察到铁氰化钾的还原峰电流值随着葡萄糖浓度的不断增加而持续降低的趋势。而且，铁氰化钾的还原峰电流值与葡萄糖浓度的对数在 $1 \times 10^{-14} \sim 1 \times 10^{-3}$ mol/L 浓度范围内呈现一定的线性关系，检出限为 8×10^{-16} mol/L（信噪比为 3）。

　　表 2-4 为已报道的电化学葡萄糖传感器与本研究建立的电化学葡萄糖传感器在分析性能上的对比。由表 2-4 可知，本研究建立的电化学葡萄糖传感器的分析性能较已报道的电化学葡萄糖传感器在响应范围和检出限方面具有明显的优势。这势必与本研究制备的石墨烯-聚间氨基苯硼酸纳米复合材料修饰的金电极在酸性溶液中具有较高的比表面积和良好的导电性密切相关。

表 2-4　已报道的电化学葡萄糖传感器与本研究建立的电化学葡萄糖传感器在分析性能上的对比

修饰电极材料	检测方法	溶液 pH 值	响应范围（mol/L）	检出限（mol/L）	参考文献
聚间氨基苯硼酸	电位法	7.4	$3.4 \times 10^{-3} \sim 4.08 \times 10^{-2}$	–	[56]
聚间氨基苯硼酸	阻抗法	7.0	$1 \times 10^{-9} \sim 1 \times 10^{-2}$	–	[86]
聚间氨基苯硼酸纳米管	电位法	7.4	$2 \times 10^{-3} \sim 1.4 \times 10^{-2}$	5×10^{-4}	[87]
石墨烯-对氨基苯硼酸	差分脉冲伏安法	7.4	$1 \times 10^{-6} \sim 8 \times 10^{-5}$	8×10^{-7}	[97]
碳纳米管-聚间氨基苯硼酸	电阻法	7.4	$1 \times 10^{-3} \sim 1 \times 10^{-2}$	3.46×10^{-3}	[89]
石墨烯-聚间氨基苯硼酸	方波伏安法	3.0	$1 \times 10^{-14} \sim 1 \times 10^{-3}$	8×10^{-16}	本研究

（4）选择性

采用方波伏安法考察了多巴胺、尿酸、氟化钠、氯化钠、溴化钾、碘化钠、氯化钙、氯化镁、硝酸铝和硝酸锌对石墨烯-聚间氨基苯硼酸复合材料修饰的金电极电化学检测果糖和葡萄糖的影响。通过对比石墨烯-聚间氨基苯硼酸复合材料修饰的金电极在含 0.001 mol/L 果糖的 $1×10^{-3}$ mol/L 铁氰化钾溶液（支持电解质为 pH 值 3.0 的 0.1 mol/L 磷酸缓冲）、含 0.001 mol/L 葡萄糖的 $1×10^{-3}$ mol/L 铁氰化钾溶液（支持电解质为 pH 值 3.0 的 0.1 mol/L 磷酸缓冲）或含 0.001 mol/L 其他潜在干扰物质的 $1×10^{-3}$ mol/L 铁氰化钾溶液（支持电解质为 pH 值 3.0 的 0.1 mol/L 磷酸缓冲）中的方波伏安图，获得这些潜在干扰物质引起的铁氰化钾还原峰电流的相对变化值，考察这些潜在的干扰物质对修饰电极电化学测定果糖和葡萄糖的影响。实验结果表明，除氟化钠外，由其他潜在干扰物质引起的铁氰化钾还原峰电流的相对变化值均在 5% 以内。这些结果表明石墨烯-聚间氨基苯硼酸复合材料修饰的金电极对果糖和葡萄糖的检测具有良好的选择性。氟化钠的干扰主要是由于氟离子可以与修饰电极表面的聚间氨基苯硼酸膜上的硼酸基团结合所引起。

（5）重现性

采用方波伏安法考察了同一根石墨烯-聚间氨基苯硼酸纳米复合材料修饰的金电极对果糖和葡萄糖检测的重现性。通过对比同一根石墨烯-聚间氨基苯硼酸纳米复合材料修饰的金电极分别在含 $1×10^{-7}$ mol/L 果糖的 $1×10^{-3}$ mol/L 铁氰化钾溶液（支持电解质为 pH 值 3.0 的 0.1 mol/L 磷酸缓冲）、含 $1×10^{-8}$ mol/L 葡萄糖的 $1×10^{-3}$ mol/L 铁氰化钾溶液（支持电解质为 pH 值 3.0 的 0.1 mol/L 磷酸缓冲）中平行测定多次的方波伏安图，考察同一根修饰电极对果糖和葡萄糖检测的重现性。采用同一根石墨烯-聚间氨基苯硼酸纳米复合材料修饰的金电极对含 $1×10^{-7}$ mol/L 果糖的溶液和含 $1×10^{-8}$ mol/L 葡萄糖的溶液分别平行测定 11 次，铁氰化钾还原峰电流值的相对标准偏差分别为 0.7% 和 1.4%。这些结果表明本研究建立的电化学传感器对果糖和葡萄糖检测的重现性良好。

以果糖为研究对象，考察了不同石墨烯-聚间氨基苯硼酸纳米复合材料修饰的金电极对糖类物质检测的重现性。通过对比采用相同方法制备的几根不同的石墨烯-聚间氨基苯硼酸纳米复合材料修饰的金电极在含 $1×10^{-8}$ mol/L 果糖的 $1×10^{-3}$ mol/L 铁氰化钾溶液（支持电解质为 pH 值 3.0 的 0.1 mol/L 磷酸缓冲）中平行测定的方波伏安图，考察几根不同的修饰电极对果糖检测的重现性及电极制作过程的重现性。采用三根不同的石墨烯-聚间氨基苯硼酸纳米复合材料修饰的金电极对含 1×10^{-8} mol/L 果糖的溶液进行平行测定，铁氰化钾还原峰电流值的相对标准偏差为 22.6%，这表明采用相同方法制备的不同修饰电极对果糖检测的重现性及该修饰电极制作过程的重现性是可接受的。

3. 小结

本研究基于石墨烯-聚间氨基苯硼酸纳米复合材料修饰的金电极建立了一种新型的电化学检测糖类物质的传感器。以果糖和葡萄糖为研究对象，对建立的传感器的响应性能进行了考察。实验结果表明：①方波伏安法参数阶跃电位为 5 mV、振幅为 20 mV、频率为 10 Hz 时可以获得相对快速和灵敏的电化学响应信号；②待测溶液中加入铁氰化钾探针 $Fe(CN)_6^{3-}$，可以实现对糖及其衍生物的灵敏电化学检测；③传感器对果糖浓度的响应范围为 $1\times10^{-12}\sim1\times10^{-2}$ mol/L，检出限为 1×10^{-12} mol/L；④传感器对葡萄糖浓度的响应范围为 $1\times10^{-14}\sim1\times10^{-3}$ mol/L，检出限为 8×10^{-16} mol/L；⑤传感器的选择性和重现性良好。本研究建立的电化学检测糖类物质的新方法具有电极制作简单、分析速度快、响应范围宽、灵敏度高、选择性好等优点，有望用于食品中糖类物质含量的检测，对食品分析、临床诊断、医药行业产品质量控制等领域具有重要的意义。

本章的相关研究工作已经在山西农业大学学报（自然科学版）、*Sensors and Actuators B：Chemical* 杂志上发表[96,98,99]。

参考文献

[1] 阚建全. 食品化学（第 2 版）[M]. 北京：中国农业大学出版社，2008.

[2] 孙远明. 食品营养学（第 2 版）[M]. 北京：中国农业大学出版社，2010.

[3] 刘兴友，刁有祥. 食品理化检验学（第 2 版）[M]. 北京：中国农业大学出版社，2008.

[4] 王喜波，张英华. 食品分析[M]. 北京：科学出版社，2015.

[5] 周荣荣，陈建文. 富碘食品含碘量的测定[J]. 中国卫生检验杂志，2010，20：3234-3236.

［6］ 徐瑞波，敖特根巴雅尔，钟志梅. 分光光度法测定海带中碘的含量[J]. 内蒙古农业大学学报（自然科学版），2015，36：88-90.

［7］ 秦建芳，谭俊民，弓巧娟，等. 正交试验优化间接原子吸收光谱法测定紫菜中碘含量[J]. 中国调味品，2014，39：128-131.

［8］ 林晨，王李平，吴凌涛，等. 灰化法-气相色谱法测定 45 种食品中的碘含量[J]. 分析测试学报，2015，34：852-855.

［9］ 陈光，寇琳娜，周谱非，等. 离子色谱-安培检测器测定食品中的碘[J]. 食品科学，2010，31：292-294.

［10］ 孔红玲，平华，马智宏，等. 电感耦合等离子体质谱法测定植物性农产品中碘含量[J]. 食品安全质量检测学报，2018，9：4521-4526.

［11］ Ciftci H, Tamer U. Electrochemical determination of iodide by poly-(3-aminophenylboronic acid) film electrode at moderately low pH ranges[J]. Analytica Chimica Acta, 2011, 687: 137-140.

［12］ 邓培红，费俊杰，匡云飞. 多壁碳纳米管修饰乙炔炭黑电极测定碘[J]. 应用化学，2009，26：875-877.

［13］ 习霞，明亮. 线性扫描伏安法测定食盐中碘含量[J]. 中国调味品，2012，37：100-102.

［14］ 徐刚，袁若，柴雅琴. 异双席夫碱配合物中性载体碘离子电极的研究[J]. 分析试验室，2009，28：84-87.

［15］ Chen D, Tang L H, Li J H. Graphene-based materials in electro-chemistry[J]. Chemical Society Reviews, 2010, 39: 3157-3180.

［16］ Liu S Q, Hu F T, Liu C B, et al. Graphene sheet-starch platform based on the groove recognition for the sensitive and highly selective determination of iodide in seafood samples[J]. Biosensors & Bioelec-tronics, 2013, 47: 396-401.

［17］ Yang Z Y, Dai N N, Lu R T, et al. A review of graphene composite-based sensors for detection of heavy metals[J]. New Carbon Materials, 2015, 30: 511-518.

［18］ Wu S, He Q, Tan C, et al. Graphene-based electrochemical sensors[J]. Small, 2013, 9: 1160-1172.

［19］ Chen Y, Wang J, Liu Z-M. Graphene and its derivative-based biosensing systems[J]. Chinese Journal of Analytical Chemistry, 2012, 40: 1772-1779.

[20] Kuila T, Bose S, Khanra P, et al. Recent advances in graphene-based biosensors [J]. Biosensors & Bioelectronics, 2011, 26: 4637-4648.

[21] 杨彦丽, 林立, 寇琳娜. 电感耦合等离子体质谱-离子色谱法检测食盐中的碘[J]. 分析化学, 2010, 38: 1381.

[22] Ayoob S, Gupta A K. Fluoride in drinking water: A review on the status and stress effects [J]. Critical Reviews in Environmental Science and Technology, 2006, 36: 433-487.

[23] Cametti M, Rissanen K. Recognition and sensing of fluoride anion[J]. Chemical Communications, 2009: 2809-2829.

[24] 张小磊, 何宽, 马建华. 氟元素对人体健康的影响[J]. 微量元素与健康研究, 2006, 23: 66-67.

[25] Li Y, Duan Y, Zheng J, et al. Self-assembly of graphene oxide with a silyl-appended spiropyran dye for rapid and sensitive colorimetric detection of fluoride ions[J]. Analytical Chemistry, 2013, 85: 11456-11463.

[26] Yamaguchi S, Akiyama S, Tamao K. Colorimetric fluoride ion sensing by boron-containing pi-electron systems[J]. Journal of the American Chemical Society, 2001, 123: 11372-11375.

[27] Das R, Bharati S P, Borborah A, et al. A Cu (II) mediated approach for colorimetric detection of aqueous fluoride in ppm level with a Schiff base receptor[J]. New Journal of Chemistry, 2018, 42: 3758-3764.

[28] Zhou Y, Zhang J F, Yoon J. Fluorescence and colorimetric chemosensors for fluoride-ion detection [J]. Chemical Reviews, 2014, 114: 5511-5571.

[29] Cooper C R, Spencer N, James T D. Selective fluorescence detection of fluoride using boronic acids [J]. Chemical Communications, 1998, 1365-1366.

[30] Ashokkumar P, Weisshoff H, Kraus W, et al. Test-strip-based flu-

orometric detection of fluoride in aqueous media with a BODIPY – linked hydrogen–bonding receptor[J]. Angewandte Chemie–International Edition, 2014, 53: 2225-2229.

[31] Roy A, Kand D, Saha T, et al. A cascade reaction based fluorescent probe for rapid and selective fluoride ion detection[J]. Chemical Communications, 2014, 50: 5510-5513.

[32] Malkondu S, Altinkaya N, Erdemir S, et al. A reaction–based approach for fluorescence sensing of fluoride through cyclization of an O–acyl pyrene amidoxime derivative[J]. Sensors and Actuators B: Chemical, 2018, 276: 296-303.

[33] Du M, Huo B L, Liu J M, et al. A near–infrared fluorescent probe for selective and quantitative detection of fluoride ions based on Si–Rhodamine[J]. Analytica Chimica Acta, 2018, 1030: 172-182.

[34] Melaimi M, Gabbai F P. A heteronuclear bidentate Lewis acid as a phosphorescent fluoride sensor[J]. Journal of the American Chemical Society, 2005, 127: 9680-9681.

[35] Lou C Y, Guo D D, Wang N N, et al. Detection of trace fluoride in serum and urine by online membrane–based distillation coupled with ion chromatography[J]. Journal of Chromatography A, 2017, 1500: 145-152.

[36] Pagliano E, Meija J, Ding J, et al. Novel ethyl–derivatization approach for the determination of fluoride by headspace gas chromatography/mass spectrometry[J]. Analytical Chemistry, 2013, 85: 877-881.

[37] Kwon S M, Shin H S. Sensitive determination of fluoride in biological samples by gas chromatography–mass spectrometry after derivatization with 2 – (bromomethyl)naphthalene[J]. Analytica Chimica Acta, 2014, 852: 162-167.

[38] Frant M S, Ross J W. Electrode for sensing fluoride ion activity in solution[J]. Science, 1966, 154: 1553-1555.

[39] Appiah–Ntiamoah R, Gadisa B T, Kim H. An effective electrochemical sensing platform for fluoride ions based on fluorescein iso-

thiocyanate – MWCNT composite [J]. New Journal of Chemistry, 2018, 42: 11341-11350.

[40] Maikap A, Mukherjee K, Mandal N, et al. Iron(Ⅲ) oxide hydroxide based novel electrode for the electrochemical detection of trace level fluoride present in water[J]. Electrochimica Acta, 2018, 264: 150-156.

[41] Ni Y, Liu H, Xu J, et al. Construction of a selective electrochemical sensing solid – liquid interface for the selective detection of fluoride ion in water with bis(indolyl) methane–functionalized multi–walled carbon nanotubes[J]. New Journal of Chemistry, 2017, 41: 14246-14252.

[42] Bala A, Pietrzak M, Zajda J, et al. Further studies on application of Al(Ⅲ)–tetraazaporphine in membrane–based electrochemical sensors for determination of fluoride [J]. Sensors and Actuators B: Chemical, 2015, 207: 1004-1009.

[43] Culkova E, Tomcik P, Svorc L, et al. Indirect voltammetric sensing platforms for fluoride detection on boron–doped diamond electrode mediated via $[FeF_6]^{3-}$ and $[CeF_6]^{2-}$ complexes formation[J]. Electrochimica Acta, 2014, 148: 317-324.

[44] Wongsan W, Aeungmaitrepirom W, Chailapakul O, et al. Bifunctional polymeric membrane ion selective electrodes using phenylboronic acid as a precursor of anionic sites and fluoride as an effector: A potentiometric sensor for sodium ion and an impedimetric sensor for fluoride ion[J]. Electrochimica Acta, 2013, 111: 234-241.

[45] Ciftci H, Oztekin Y, Tamer U, et al. Development of poly(3–aminophenylboronic acid) modified graphite rod electrode suitable for fluoride determination[J]. Talanta, 2014, 126: 202-207.

[46] Wade C R, Broomsgrove A E J, Aldridge S, et al. Fluoride ion complexation and sensing using organoboron compounds[J]. Chemical Reviews, 2010, 110: 3958-3984.

[47] Cwik P, Wawrzyniak U E, Janczyk M, et al. Electrochemical studies of self–assembled monolayers composed of various phenylboronic acid derivatives[J]. Talanta, 2014, 119: 5-10.

[48] Novoselov K S, Geim A K, Morozov S V, et al. Electric field effect in atomically thin carbon films[J]. Science, 2004, 306: 666-669.

[49] Geim A K, Novoselov K S. The rise of graphene[J]. Nature Materials, 2007, 6: 183-191.

[50] Pumera M. Graphene-based nanomaterials and their electrochemistry[J]. Chemical Society Reviews, 2010, 39: 4146-4157.

[51] Shao Y, Wang J, Wu H, et al. Graphene based electrochemical sensors and biosensors: A review[J]. Electroanalysis, 2010, 22: 1027-1036.

[52] Zhang R Z, Chen W. Recent advances in graphene-based nanomaterials for fabricating electrochemical hydrogen peroxide sensors[J]. Biosensors & Bioelectronics, 2017, 89: 249-268.

[53] Pumera M, Ambrosi A, Bonanni A, et al. Graphene for electrochemical sensing and biosensing[J]. TrAC Trends in Analytical Chemistry, 2010, 29: 954-965.

[54] Chen L, Tang Y, Wang K, et al. Direct electrodeposition of reduced graphene oxide on glassy carbon electrode and its electrochemical application[J]. Electrochemistry Communications, 2011, 13: 133-137.

[55] Zhou Y L, Dong H, Liu L T, et al. A novel potentiometric sensor based on a poly(anilineboronic acid)/graphene modified electrode for probing sialic acid through boronic acid-diol recognition[J]. Biosensors & Bioelectronics, 2014, 60: 231-236.

[56] Shoji E, Freund M S. Potentiometric saccharide detection based on the pKa changes of poly(aniline boronic acid)[J]. Journal of the American Chemical Society, 2002, 124: 12486-12493.

[57] Wang J Y, Chou T C, Chen L C, et al. Using poly(3-aminophenylboronic acid) thin film with binding-induced ion flux blocking for amperometric detection of hemoglobin A1c[J]. Biosensors & Bioelectronics, 2015, 63: 317-324.

[58] Zhong M, Dai Y L, Fan L M, et al. A novel substitution-sensing for hydroquinone and catechol based on a poly(3-aminophenylboronic acid)/MWCNTs modified electrode[J]. Analyst, 2015, 140:

6047-6053.

[59] Cui M, Xu B, Hu C, et al. Direct electrochemistry and electroca-talysis of glucose oxidase on three-dimensional interpenetrating, por-ous graphene modified electrode [J]. Electrochimica Acta, 2013, 98: 48-53.

[60] Nicolas M, Fabre B, Simonet J. Electrochemical sensing of fluoride and sugars with a boronic acid-substituted bipyridine Fe(Ⅱ) complex in solution and attached onto an electrode surface [J]. Electrochimica Acta, 2001, 46: 1179-1190.

[61] Yuchi A, Sakurai J K, Tatebe A, et al. Performance of arylboronic acids as ionophore for inorganic anions studied by fluorometry and po-tentiometry[J]. Analytica Chimica Acta, 1999, 387: 189-195.

[62] 邢丽, 耿越. 气相色谱法分析豌豆粉渣中多糖的单糖组分[J]. 食品科学, 2014, 35: 252-254.

[63] Ma C, Sun Z, Chen C, et al. Simultaneous separation and determi-nation of fructose, sorbitol, glucose and sucrose in fruits by HPLC-ELSD[J]. Food Chemistry, 2014, 145: 784-788.

[64] Andersen R, Sørensen A. Separation and determination of alditols and sugars by high-pH anion-exchange chromatography with pulsed am-perometric detection[J]. Journal of Chromatography A, 2000, 897: 195-204.

[65] Tang K T, Liang L N, Cai Y Q, et al. Determination of sugars and sugar alcohols in tobacco feed liquids by high performance anion-ex-change and pulsed amperometric detection [J]. Chinese Journal of Analytical Chemistry, 2007, 35: 1274-1278.

[66] Cataldi T R I, Margiotta G, Zambonin C G. Determination of sugars and alditols in food samples by HPAEC with integrated pulsed ampero-metric detection using alkaline eluents containing barium or strontium ions[J]. Food Chemistry, 1998, 62: 109-115.

[67] 李家宇, 左之文, 王曦璠, 等. 不同品种党参游离糖成分的气相色谱-质谱研究 [J]. 湖南中医药大学学报, 2018, 38: 1398-1402.

[68] 刘应蛟，肖岚，罗林明，等. 硅烷化衍生化气相色谱/质谱法测定玉竹中游离糖成分[J]. 国际药学研究杂志，2018, 45: 472-478.

[69] 项萍，唐喆. 气相色谱-质谱联用法测定植物组织中糖与糖醇[J]. 质谱学报，2018, 39: 360-365.

[70] 张睿，刘芸，丁涛，等. 基于高效液相色谱-四极杆/静电场轨道阱高分辨率质谱的寡糖轮廓分析用于蜂蜜中淀粉糖浆的掺假鉴别研究[J]. 分析测试学报，2016, 35: 1628-1633.

[71] 陈新新，芦晶，刘鹭，等. 基于2种衍生化方法对牛乳中寡糖的高效液相色谱-质谱联用分析[J]. 食品科学，2017, 38: 162-167.

[72] 刘亚攀，陈璐莹，张静，等. 毛细管电泳-紫外检测法同时测定食品中的葡萄糖和多种糖醇[J]. 分析试验室，2014, 33: 1034-1037.

[73] Pickup J C, Hussain F, Evans N D, et al. Fluorescence-based glucose sensors[J]. Biosensors & Bioelectronics, 2005, 20: 2555-2565.

[74] Fang H, Kaur G, Wang B H. Progress in boronic acid-based fluorescent glucose sensors[J]. Journal of Fluorescence, 2004, 14: 481-489.

[75] Park S, Boo H, Chung T D. Electrochemical non-enzymatic glucose sensors[J]. Analytica Chimica Acta, 2006, 556: 46-57.

[76] Xuan X, Yoon H S, Park J Y. A wearable electrochemical glucose sensor based on simple and low-cost fabrication supported micro-patterned reduced graphene oxide nanocomposite electrode on flexible substrate[J]. Biosensors & Bioelectronics, 2018, 109: 75-82.

[77] Xu D, Zhu C L, Meng X, et al. Design and fabrication of Ag-CuO nanoparticles on reduced graphene oxide for nonenzymatic detection of glucose[J]. Sensors and Actuators B: Chemical, 2018, 265: 435-442.

[78] Guo J L, Wang Y, Zhao M. 3D flower-like ferrous (II) phosphate nanostructures as peroxidase mimetics for sensitive colorimetric detection of hydrogen peroxide and glucose at nanomolar level[J]. Talanta,

2018, 182: 230-240.

[79] Hou L, Zhao H, Bi S Y, et al. Ultrasensitive and highly selective sandpaper-supported copper framework for non-enzymatic glucose sensor[J]. Electrochimica Acta, 2017, 248: 281-291.

[80] Niu X H, Li X, Pan J M, et al. Recent advances in non-enzymatic electrochemical glucose sensors based on non-precious transition metal materials: opportunities and challenges[J]. Rsc Advances, 2016, 6: 84893-84905.

[81] Zaidi S A, Shin J H. Recent developments in nanostructure based electrochemical glucose sensors[J]. Talanta, 2016, 149: 30-42.

[82] 杨秀云, 梁凤, 张巍, 等. 葡萄糖生物传感器检测方法的研究进展[J]. 应用化学, 2012, 29: 1364-1370.

[83] Tian K, Prestgard M, Tiwari A. A review of recent advances in non-enzymatic glucose sensors[J]. Materials Science and Engineering: C, 2014, 41: 100-118.

[84] 王霜, 张树鹏, 刘茂祥, 等. 非酶葡萄糖传感器电极材料构建策略[J]. 化学通报, 2017, 80: 428-435.

[85] Shoji E, Freund M S. Potentiometric sensors based on the inductive effect on the pKa of poly (aniline): A nonenzymatic glucose sensor[J]. Journal of the American Chemical Society, 2001, 123: 3383-3384.

[86] Ma Y, Yang X R. One saccharide sensor based on the complex of the boronic acid and the monosaccharide using electrochemical impedance spectroscopy[J]. Journal of Electroanalytical Chemistry, 2005, 580: 348-352.

[87] Li J, Liu L L, Wang P G, et al. Potentiometric detection of saccharides based on highly ordered poly (aniline boronic acid) nanotubes[J]. Electrochimica Acta, 2014, 121: 369-375.

[88] Lü C, Li H, Wang H, et al. Probing the interactions between boronic acids and cis-diol-containing biomolecules by affinity capillary electrop horesis[J]. Analytical Chemistry, 2013, 85: 2361-2369.

[89] Badhulika S, Tlili C, Mulchandani A. Poly (3-aminophenylboronic

acid) -functionalized carbon nanotubes -based chemiresistive sensors for detection of sugars[J]. Analyst, 2014, 139: 3077-3082.

[90] Deore B A, Braun M D, Freund M S. pH dependent equilibria of poly (anilineboronic acid) -saccharide complexation in thin films[J]. Macromolecular Chemistry and Physics, 2006, 207: 660-664.

[91] Plesu N, Kellenberger A, Taranu I, et al. Impedimetric detection of dopamine on poly (3-aminophenylboronic acid) modified skeleton nickel electrodes[J]. Reactive & Functional Polymers, 2013, 73: 772-778.

[92] Shan C S, Yang H F, Song J F, et al. Direct electrochemistry of glucose oxidase and biosensing for glucose based on graphene[J]. Analytical Chemistry, 2009, 81: 2378-2382.

[93] Zhou M, Zhai Y M, Dong S J. Electrochemical sensing and biosensing platform based on chemically reduced graphene oxide[J]. Analytical Chemistry, 2009, 81: 5603-5613.

[94] Mahmoudi T, Wang Y, Hahn Y-B. Graphene and its derivatives for solar cells application[J]. Nano Energy, 2018, 47: 51-65.

[95] Zhao H, Ding R, Zhao X, et al. Graphene-based nanomaterials for drug and/or gene delivery, bioimaging, and tissue engineering[J]. Drug Discovery Today, 2017, 22: 1302-1317.

[96] Wu S, Han T, Guo J, et al. Poly(3-aminophenylboronic acid)-reduced graphene oxide nanocomposite modified electrode for ultrasensitive electrochemical detection of fluoride with a wide response range[J]. Sensors and Actuators B: Chemical, 2015, 220: 1305-1310.

[97] Wang Q, Kaminska I, Niedziolka-Jonsson J, et al. Sensitive sugar detection using 4-aminophenylboronic acid modified graphene [J]. Biosensors & Bioelectronics, 2013, 50: 331-337.

[98] 吴锁柱, 郭俊杰, 韩悌云, 等. 石墨烯修饰电极电化学检测食盐中碘[J]. 山西农业大学学报 (自然科学版), 2015, 35: 441-444.

［99］ Wu S, Guo H, Wang L, et al. An ultrasensitive electrochemical bi-osensing platform for fructose and xylitol based on boronic acid-diol recognition［J］. Sensors and Actuators B: Chemical, 2017, 245: 11-17.

第三章 石墨烯纳米材料修饰电极电化学 分析食品中有毒有害物质的研究

第一节 食品中有毒有害物质测定的意义

食品中的有毒有害物质是指对人体具有生理毒性，食用后会引起不良的反应，造成机体健康损害的物质[1]。食品中的有毒有害物质按来源可以分为食品中的天然有毒有害物质、微生物毒素、化学毒素、食品加工过程中产生的有害物质等类别[2]。食品中的天然有毒有害物质包括凝集素、蛋白酶抑制剂、毒肽、有毒氨基酸、氰苷、硫苷、皂苷、龙葵碱、秋水仙碱、棉酚、岩藻毒素、河豚毒素、组胺毒素等。微生物毒素包括沙门氏菌毒素、葡萄球菌肠毒素、肉毒杆菌毒素、黄曲霉毒素、杂色曲霉素、环氯素、黄天精、玉米赤霉烯酮等。化学毒素包括有机磷农药、有机氯农药、氨基甲酸酯农药、拟除虫菊酯农药、除草剂、多氯联苯、多溴联苯、铅元素、镉元素、汞元素、砷元素等。食品加工过程中产生的有害物质包括亚硝胺、多环芳烃、油脂氧化产生的过氧化物、滥用的食品添加剂、非法添加物（如苏丹红、三聚氰胺、盐酸克伦特罗）等。

民以食为天，食以安为先。食品安全已经成为全球关注的公共问题。食品中有毒有害物质在食品中的含量通常很低，一般短期摄入损害较小，长期摄入则可能会引起代谢或生理功能紊乱，也可能会引起肠源性病毒感染、经肠道感染的寄生虫病以及人畜共患传染病等，严重的还可能会致畸、致癌、致突变，这些将会对人体健康造成极大危害。通过有效的食品安全监控，可以降低上述危害的产生。因此，开展食品中有毒有害物质的测定对保障食品安全、保护消费者身体健康和保证食品进出口贸易具有十分重要的意义。

第二节 食品中重金属元素分析

一、食品中重金属元素概述

食品中的重金属元素主要包括铅元素、镉元素、汞元素、砷元素。这些重金属元素因工业污染进入水、土壤等环境中，再通过多种途径进入食物链中并且被农作物富集，最终通过食品进入人体和动物体内。重金属元素被人体和动物体吸收后，经过一段时间的积累，显现出对人体和动物体造成的危害，如食物中毒、致畸、致癌和致突变等。

通过对食品中重金属元素的测定，可以了解食品中重金属元素的组成及含量。利用食品中重金属元素的测定结果还可以用来判断食品受污染的程度，以便查清和控制食品在生产过程中的污染源，从而保障食品安全、保护消费者健康。

二、食品中镉元素的测定方法研究

镉是一种有害的重金属元素。人体中的镉元素主要通过食物、水和空气蓄积，进入人体的镉元素蓄积在肝脏、肾脏、心脏等组织器官，进而损害肾脏、骨骼和消化器官。目前，我国食品安全问题严重，其中重金属含量超标的现象屡屡出现[3,4]。因此，对重金属镉元素的检测具有非常重要的意义。

目前，常用来测定镉元素含量的方法主要有原子吸收光谱法、原子荧光光谱法、分光光度法、高效液相色谱法、中子活化分析法、生物传感器法、电化学分析法等[4-13]。原子吸收光谱法灵敏度较高，但是检测成本高、操作复杂、仪器设备大；原子荧光光谱法准确、快速、精密度高，但是仪器设备大、操作难度高；分光光度法具有较高的灵敏度和准确度，但是操作繁琐、耗时长、干扰因素多、选择性差；高效液相色谱法检测成本高；中子活化分析法抗干扰能力强，但是对不同元素的灵敏度差异很大，存在分析误差；生物传感器法需要使用生物材料，而生物材料很难保存其活性。而电化学分析法操作简单、快速、灵敏度高、准确度高、价格低廉、易于实现自动化和连续分析，因此，建立新型的电化学分析镉元素含量的方法是非常必要的。

羧基化石墨烯纳米材料具有高比表面积、易于保存和改善导电性的优点，能够与电极材料进行共价结合，可以更好地分散于溶剂中[14-17]。故本实验采用电化学沉积法制作羧基化石墨烯纳米材料修饰的玻碳电极并且以此化学修饰电极作为工作电极，建立了一种电化学检测镉离子的新方法。首先，采用电化学方法、扫描电子显微镜、能量色散 X 射线谱对制备的羧基化石墨烯纳米材料修饰的玻碳电极进行表征。其次，考察了缓冲溶液 pH 值、镉离子的沉积时间、镉离子的沉积电位等条件对镉离子测定的影响。然后，在最佳的检测条件下，考察了该方法对镉离子的响应性能。最后，进一步将建立的电化学方法用于水样中镉离子含量的测定。

1. 实验及方法

（1）实验材料与仪器

羧基化石墨烯纳米材料购自南京先丰纳米材料科技有限公司。乙酸镉、氯化钾、氯化钙、氯化钠、氯化镁、乙酸铅、硫酸铜、乙酸锌、氯化亚铁、铁氰化钾、硝酸钾、乙酸、乙酸钠、高氯酸锂购自上海晶纯生化科技股份有限公司。实验用水为去离子水。

0.005 mol/L 铁氰化钾（支持电解质为 0.1 mol/L 硝酸钾）溶液用于裸玻碳电极的预处理及羧基化石墨烯纳米材料修饰的玻碳电极的电化学表征。

pH 值为 3.5 ~ 5.5 的 0.1 mol/L 乙酸缓冲溶液由 0.1 mol/L 乙酸和 0.1 mol/L 乙酸钠配制。

0.03 mg/mL 羧基化石墨烯纳米材料（支持电解质为 0.1 mol/L 高氯酸锂）分散液用于羧基化石墨烯纳米材料修饰的玻碳电极的制作。

不同浓度的乙酸镉溶液（$5 \times 10^{-7} \sim 7.5 \times 10^{-5}$ mol/L）的支持电解质均为 0.1 mol/L 乙酸缓冲。1×10^{-2} mol/L 氯化钾、氯化钙、氯化钠、氯化镁、氯化亚铁、乙酸锌溶液及 1×10^{-3} mol/L 乙酸铅、硫酸铜溶液的支持电解质均为 0.1 mol/L 乙酸缓冲。

自来水样用于样品的检测。

实验所用仪器设备包括 KX-1990QT 超声波清洗器（北京科玺世纪科技有限公司），PHS-3C 酸度计（上海仪电科学仪器有限公司），Autolab PGSTAT 302N 电化学工作站（Metrohm 瑞士万通中国有限公司），由玻碳工作电极、饱和甘汞参比电极和铂丝对电极组成的三电极系统（上海仙仁仪器仪表有限公司），带有能量色散 X 射线谱的 JSM-6490LV 扫描电子显微镜（日本电子株式会社）等。

（2）羧基化石墨烯纳米材料修饰的玻碳电极的制作

首先，将玻碳电极（直径 3 mm）依次用 0.5 μm 和 0.05 μm 的 α-氧化铝抛光湿粉打磨，之后在去离子水中超声清洗 3 min。接着，将处理好的玻碳电极浸入 0.005 mol/L 铁氰化钾（支持电解质为 0.1 mol/L 硝酸钾）溶液中表征，直至峰电位差在 100 mV 以内。最后，将处理好的玻碳电极置于除氧后的 0.03 mg/mL 羧基化石墨烯纳米材料分散液（支持电解质为0.1 mol/L高氯酸锂）中，采用电化学沉积法将羧基化石墨烯纳米材料修饰在玻碳电极的表面，使用的沉积电位为-1.3 V、沉积时间为1 300 s。

（3）电化学检测镉离子方法

将羧基化石墨烯纳米材料修饰的玻碳工作电极、饱和甘汞参比电极和铂丝对电极与电化学工作站连接，将此三电极系统浸入含不同浓度镉离子的0.1 mol/L乙酸缓冲溶液中，采用方波伏安法对不同浓度的镉离子进行电化学测定。

2. 结果与分析

（1）羧基化石墨烯纳米材料修饰的玻碳电极制作过程中的电化学行为

图 3-1 为羧基化石墨烯纳米材料在玻碳电极表面修饰过程中的电流随时间变化的曲线图。由图 3-1 可知，电流值在 0~200 s 急剧上升，而且在约 900 s 后逐渐趋于稳定。这一实验结果表明羧基化石墨烯纳米材料不断修饰在玻碳电极的表面。

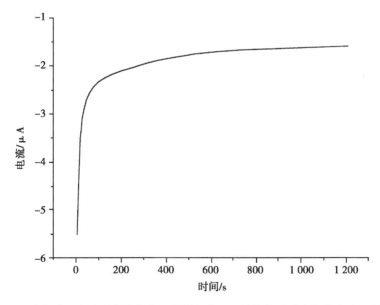

图 3-1　电化学沉积法制备羧基化石墨烯纳米材料修饰的玻碳电极的电流-时间图

（2）羧基化石墨烯纳米材料修饰的玻碳电极的表征

图 3-2 为裸玻碳电极和羧基化石墨烯纳米材料修饰的玻碳电极在含 0.005 mol/L 铁氰化钾的 0.1 mol/L 硝酸钾溶液中的方波伏安图。由图 3-2 中可以看出，可以在裸玻碳电极上观察到明显的铁氰化钾还原峰（图 3-2，实线）。当在裸玻碳电极表面电化学沉积羧基化石墨烯纳米材料后，铁氰化钾的还原峰电流显著增加（图 3-2，虚线）。这一结果表明电化学沉积羧基化石墨烯可以明显地增大电极的电化学活性面积。

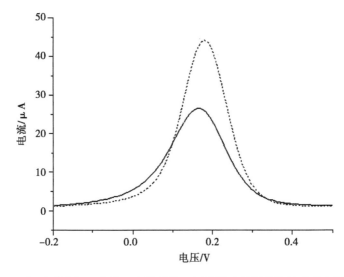

图 3-2 裸玻碳电极（实线）和羧基化石墨烯纳米材料修饰的玻碳电极（虚线）在含 0.005 mol/L 铁氰化钾的 0.1 mol/L 硝酸钾溶液中的方波伏安图

图 3-3 为羧基化石墨烯修饰纳米材料修饰的玻碳电极的能量色散 X 射线谱图及扫描电子显微镜图。由图 3-3（插图）可以看出，未能在玻碳电极表面观察到与羧基化石墨烯纳米材料相关的褶皱纹理结构，而是观察到很多的纳米颗粒结构。这种现象可能与用于电化学沉积羧基化石墨烯纳米材料采用的胶体溶液浓度较低有关（仅为 0.03 mg/mL）。此外，用能量色散 X 射线谱进一步验证了玻碳电极表面纳米颗粒的化学成分（图3-3）。能量色散 X 射线谱结果表明，这些纳米颗粒主要由碳元素和氧元素组成。这一结果表明玻碳电极表面的纳米颗粒为羧基化石墨烯纳米颗粒。

电化学方法、能量色散 X 射线谱图及扫描电子显微镜图结果表明，可以成功制备羧基化石墨烯纳米材料修饰的玻碳电极，而且在玻碳电极表面电化学沉积羧基化石墨烯纳米颗粒能够明显地增加电极的电化学活性面积。

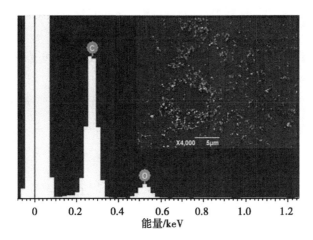

图 3-3 羧基化石墨烯纳米材料修饰的玻碳电极的能量色散 X 射线谱图及扫描电子显微镜图像（插图）

（3）缓冲溶液 pH 值的选择

采用方波伏安法考察了羧基化石墨烯纳米材料修饰的玻碳电极对 $5×10^{-5}$ mol/L镉离子在不同 pH 值（3.5~5.5）的 0.1 mol/L 乙酸缓冲液条件下的电化学响应，结果如图 3-4 和图 3-5 所示。由图 3-4 可得，镉离子在

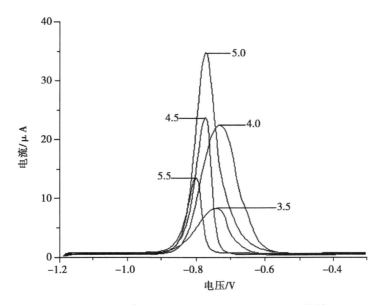

图 3-4 羧基化石墨烯纳米材料修饰的玻碳电极在不同 pH 值的 0.1 mol/L 乙酸缓冲溶液条件下检测 $5×10^{-5}$ mol/L 镉离子的方波伏安图

−0.75 V附近出峰，而且其出峰位置随缓冲溶液 pH 值的不同会略发生偏移。由于在 pH 值 5.0 的 0.1 mol/L 乙酸缓冲溶液条件下获得的镉离子峰电流值最高（图 3-5），因此，采用 pH 值 5.0 的 0.1 mol/L 乙酸缓冲溶液进行后续镉离子的电化学检测。

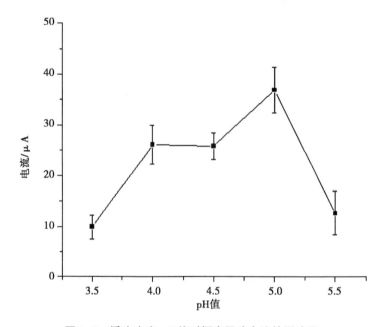

图 3-5　缓冲溶液 pH 值对镉离子峰电流的影响图

（4）镉离子沉积时间的选择

采用方波伏安法考察了羧基化石墨烯纳米材料修饰的玻碳电极在不同沉积时间（60~210 s）条件下对 5×10^{-5} mol/L 镉离子溶液（支持电解质为 pH 值 5.0 的 0.1 mol/L 乙酸缓冲）测定的影响，结果如图 3-6 所示。随着沉积时间的延长，镉离子的峰电流值先逐渐增大而后减小，而且在沉积时间为 150 s 的条件下获得的镉离子峰电流值最大。因此，选择 150 s 为最佳沉积时间进行后续镉离子的电化学测定。

（5）镉离子沉积电位的选择

采用方波伏安法考察了羧基化石墨烯纳米材料修饰的玻碳电极在不同沉积电位（−1.3~−0.7V）条件下对 5×10^{-5} mol/L 镉离子溶液（支持电解质为 pH 值 5.0 的 0.1 mol/L 乙酸缓冲）测定的影响，结果如图 3-7 所示。随着沉积电位的不断变负，镉离子的峰电流值先逐渐增大而后减小，而且在沉积电位为−1.0 V 的条件下得到的镉离子峰电流值最大。因此，选择−1.0 V 为最佳沉积电位进行后续镉离子的电化学测定。

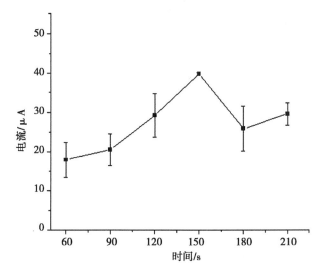

图 3-6　沉积时间对镉离子峰电流的影响图

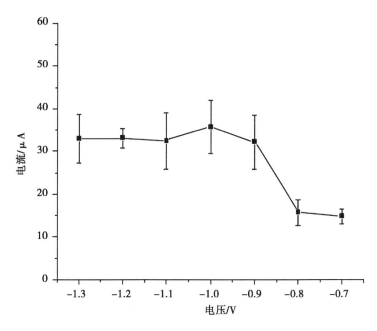

图 3-7　沉积电位对镉离子峰电流的影响图

（6）羧基化石墨烯纳米材料修饰的玻碳电极对不同浓度镉离子的响应

采用羧基化石墨烯纳米材料修饰的玻碳电极对不同浓度的镉离子溶液

（支持电解质为 pH 值 5.0 的 0.1 mol/L 乙酸缓冲）进行电化学测定，结果如图 3-8 所示。由图 3-8 可知，随着镉离子浓度的不断增加，镉离子的峰电流值逐渐增大，而且在 $5×10^{-7}$ ~ $7.5×10^{-5}$ mol/L 浓度范围内，镉离子的峰电流值与其浓度呈现良好的线性关系（相关系数为 0.99725，图 3-9）。据背景电流信号的 3 倍标准偏差除以拟合曲线斜率获得该方法测定镉离子的检出限为 $3.6×10^{-7}$ mol/L。

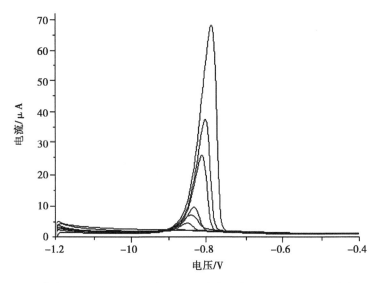

图 3-8 羧基化石墨烯纳米材料修饰的玻碳电极含不同浓度镉离子溶液（支持电解质为 pH 值 5.0 的 0.1 mol/L 乙酸缓冲）中的方波伏安图（从下到上镉离子浓度依次为：0 mol/L、$5.0×10^{-7}$ mol/L、$1.0×10^{-6}$ mol/L、$5.0×10^{-6}$ mol/L、$1.0×10^{-5}$ mol/L、$2.5×10^{-5}$ mol/L、$5.0×10^{-5}$ mol/L 和 $7.5×10^{-5}$ mol/L）

（7）重现性

采用同一羧基化石墨烯纳米材料修饰的玻碳电极对 $5×10^{-5}$ mol/L 镉离子溶液（支持电解质为 pH 值 5.0 的 0.1 mol/L 乙酸缓冲）分别进行多次平行测定，获得镉离子峰电流值的相对标准偏差为 6.08%（$n=7$）。采用不同羧基化石墨烯纳米材料修饰的玻碳电极对 $5×10^{-5}$ mol/L 镉离子溶液（支持电解质为 pH 值 5.0 的 0.1 mol/L 乙酸缓冲）分别进行多次测定，得到镉离子峰电流值的相对标准偏差为 4.62%（$n=5$）。这些结果均表明该方法对镉离子的检测具有良好的重现性。

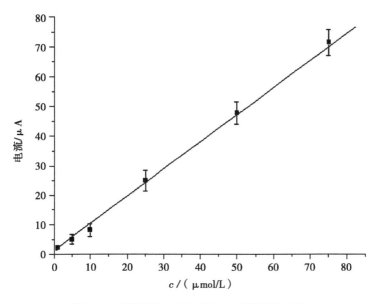

图 3-9　镉离子峰电流与其浓度的线性关系图

（8）选择性

采用方波伏安法考察了 200 倍浓度的氯化钾、氯化钙、氯化钠、氯化镁、氯化亚铁、乙酸锌溶液（支持电解质为 pH 值 5.0 的 0.1 mol/L 乙酸缓冲）和 20 倍浓度的乙酸铅、硫酸铜溶液（支持电解质为 pH 值 5.0 的 0.1 mol/L乙酸缓冲）对 5×10^{-5} mol/L 镉离子测定的影响。实验结果表明上述这些物质引起的镉离子峰电流变化均在 ±5% 以内，即该方法对镉离子的检测具有良好的选择性。

（9）水样中镉离子浓度的测定

以自来水样为研究对象，采用标准加入法考察了该方法的实用性。配制含 $0 \sim 5 \times 10^{-5}$ mol/L 镉离子的自来水样溶液（支持电解质为 pH 值 5.0 的 0.1 mol/L乙酸缓冲），用方波伏安法对上述含不同标准浓度镉离子的自来水样溶液（支持电解质为 pH 值 5.0 的0.1 mol/L乙酸缓冲）分别测定 3 次。通过线性拟合、计算获得自来水样中镉离子含量的平均值为 0.0022 mg/L（相对标准偏差为 1.98%），符合生活饮用水卫生标准（低于 0.005 mg/L）[18]。因此，该自来水样属于合格的生活饮用水。

3. 小结

本研究采用电化学沉积法成功将羧基化石墨烯纳米材料修饰到玻碳电极

的表面。通过考察缓冲溶液 pH 值、镉离子的沉积时间和沉积电位等因素对镉离子测定的影响，获得最佳的镉离子检测条件为缓冲溶液 pH 值 5.0、镉离子的沉积时间 150 s、镉离子的沉积电位 -1.0 V。在此基础上，将该方法用于不同浓度镉离子的电化学测定。羧基化石墨烯纳米材料修饰的玻碳电极检测镉离子的线性范围为 $5\times10^{-7}\sim7.5\times10^{-5}$ mol/L，检出限为 3.6×10^{-7} mol/L。本研究建立的方法具有电极制作简单、线性范围宽、灵敏度高、重现性好、选择性高等优点，有望进一步用于水样及其他含镉样品中镉元素含量的测定。

三、食品中铅元素的测定方法研究

铅是一种有害的重金属，而且可以通过食物链富集。目前，铅离子主要通过饮用自来水、空气传播、食用食物等方式进入人体。很多食品如肉、蛋、奶等中都可能含有铅离子[19-21]。铅离子含量过高将会对人体肾脏、神经系统等造成很大的伤害，导致智力低下、反应迟钝等症状。因此，为保障食品安全和人体健康，建立一种快速检测食品中铅离子含量的方法是非常必要的。

目前，测定铅离子含量的方法有电化学分析方法[22-24]、分光光度法[25-27]、原子吸收光谱法[28-33]、色谱法[34]等方法。其中，电化学分析方法在分析速度、灵敏度、操作过程、试剂种类、实验仪器等方面都有较明显的优势，因此普遍应用于食品中铅离子的检测。

石墨烯纳米材料及其衍生纳米材料（如羧基化石墨烯纳米材料）由于具有较大的比表面积、良好的电子传导能力等优点，受到国内外研究者的广泛关注，已经广泛应用于各种分析物的检测[35,36]。

本研究基于电化学沉积羧基化石墨烯-铋膜纳米复合材料修饰的玻碳电极建立了一种新的电化学检测铅离子方法。首先，对裸的玻碳电极进行预处理，再通过电化学沉积方法将羧基化石墨烯纳米材料和铋膜依次沉积在玻碳电极表面；然后对实验的影响因素进行考察，得出最适宜条件；之后，在最适宜的条件下，考察该修饰电极对检测铅离子的响应性能；最后，将该方法用于水样中铅离子的检测。

1. 实验及方法

（1）实验材料与仪器

羧基化石墨烯纳米材料购自南京先丰纳米材料科技有限公司。醋酸铅、36%醋酸、醋酸钠、高氯酸锂三水合物、硝酸铋五水合物、铁氰化钾、硝酸钾、氯化钠、氯化镁、氯化钾、氯化铝、硫酸铜、硝酸锌、乙酸镉、氯化钙等试剂购自上海晶纯生化科技股份有限公司。

0.005 mol/L 铁氰化钾（支持电解质为 0.1 mol/L 硝酸钾）溶液用于裸玻碳电极的预处理。

pH 值为 3.5～5.5 的 0.1 mol/L 乙酸缓冲溶液由 0.1 mol/L 乙酸和 0.1 mol/L 乙酸钠配制。

0.03 mg/mL 羧基化石墨烯纳米材料分散液（支持电解质为 0.1 mol/L 高氯酸锂）及含不同浓度硝酸铋（0.100～0.500 mg/L）和 10.000 mg/L 醋酸铅的混合溶液（支持电解质为 pH 值 4.5 的 0.1 mol/L 乙酸缓冲）用于羧基化石墨烯-铋膜纳米复合材料修饰的玻碳电极的制作。

不同浓度的乙酸镉溶液（0.075～0.500 mg/L）及 40.000 mg/L 氯化钠、氯化镁、氯化钾、氯化铝、硫酸铜、硝酸锌、乙酸镉、氯化钙溶液的支持电解质均为 0.1 mol/L 乙酸缓冲液。

自来水样用于样品的检测。

实验所用仪器设备包括 KX-1990QT 超声波清洗器（北京科玺世纪科技有限公司），PHS-3C 酸度计（上海仪电科学仪器有限公司），Autolab PGSTAT 302N 电化学工作站（Metrohm 瑞士万通中国有限公司），由玻碳工作电极、饱和甘汞参比电极和铂丝对电极组成的三电极系统（上海仙仁仪器仪表有限公司）等。

（2）羧基化石墨烯-铋膜纳米复合材料修饰的玻碳电极的制作

参照作者先前报道的计时电流法制作羧基化石墨烯纳米材料修饰的玻碳电极[36]。首先，将直径为 3 mm 的裸玻碳电极依次用粒径为 0.3 μm 和 0.05 μm 的氧化铝湿粉机械打磨及超声清洗。用蒸馏水将裸玻碳电极冲洗干净后，采用循环伏安法考察处理后的裸玻碳电极在 0.005 mol/L 铁氰化钾（支持电解质为 0.1 mol/L 硝酸钾）溶液中的电化学行为，检测电极是否合格。待电极合格后，进行后续羧基化石墨烯纳米材料的修饰。所用修饰溶液为除氧的 0.03 mg/mL 羧基化石墨烯分散液（支持电解质为 0.1 mol/L 高氯酸锂），沉积电压为 -1.3 V，沉积时间为 1 200 s。将羧基化石墨烯纳米材料修饰电极浸入含铋离子和铅离子的溶液中，再将铋膜沉积于电极表面，制成羧基化石墨烯-铋膜纳米复合材料修饰的玻碳电极。

（3）电化学检测铅离子方法

在最佳铋离子浓度、缓冲溶液 pH 值、铅离子的沉积电位、铅离子的沉积时间等条件下，利用羧基化石墨烯-铋膜纳米复合材料修饰的玻碳电极作为工作电极对不同浓度的铅离子溶液进行测定，用方波伏安法检测并记录其峰电流值。

2. 结果与分析

（1）铋离子浓度对铅离子测定的影响

采用方波伏安法考察了羧基化石墨烯-铋膜纳米复合材料修饰的玻碳电极在不同铋离子浓度条件下对 10.000 mg/L 铅离子溶液（支持电解质为 pH 值 4.5 的 0.1 mol/L 乙酸缓冲）的测定，结果如图 3-10 和图 3-11 所示。随着铋离子浓度在 0.100~0.500 mg/L 范围内增加，用方波伏安法测得铅离子在羧基化石墨烯-铋膜纳米复合材料修饰的玻碳电极上的峰电流呈现先增加后降低的趋势，而且当铋离子浓度为 0.300 mg/L 时获得的铅离子峰电流值最大。因此，选用铋离子浓度为 0.300 mg/L 为最佳铋离子浓度进行后续铅离子的测定。

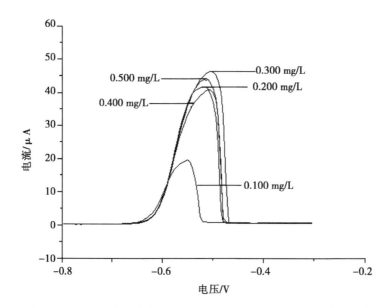

图 3-10　不同铋离子浓度下 10.000 mg/L 铅离子溶液（支持电解质为 pH 值 4.5 的 0.1 mol/L 乙酸缓冲）在羧基化石墨烯-铋膜纳米复合材料修饰的玻碳电极上的方波伏安图

（2）缓冲溶液 pH 值的选择

采用方波伏安法考察了羧基化石墨烯-铋膜纳米复合材料修饰的玻碳电

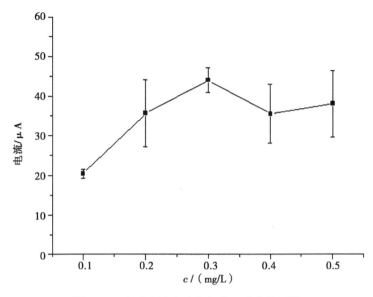

图 3-11 铅离子峰电流与铋离子浓度关系图

极在不同 pH 值条件下对 10.000 mg/L 铅离子溶液（支持电解质为不同 pH 值的 0.1 mol/L 乙酸缓冲），结果如图 3-12 所示。当 pH 值在 3.5~4.5 范围内逐渐增加时，铅离子的峰电流逐渐增大；进一步增加 pH 值，铅离子的峰电流降低。因此，选择 pH 值 4.5 为最适缓冲溶液 pH 值进行后续试验。

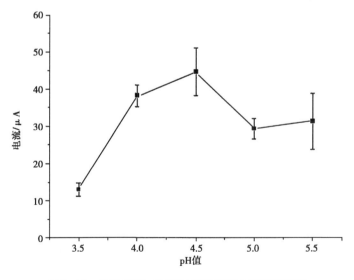

图 3-12 缓冲溶液 pH 值对铅离子峰电流的影响图

（3）沉积电位对铅离子测定的影响

采用方波伏安法考察了羧基化石墨烯-铋膜纳米复合材料修饰的玻碳电极在不同的铅离子沉积电位条件下对10.000 mg/L铅离子溶液（支持电解质为pH值4.5的0.1 mol/L乙酸缓冲）测定的影响，结果如图3-13所示。当沉积电位在-1.4~-1.0 V范围内变化时，测得的铅离子峰电流先增加后降低，而且在沉积电位为-1.2 V条件下获得的铅离子峰电流最高。所以，选择-1.2 V为最佳沉积电位进行后续试验。

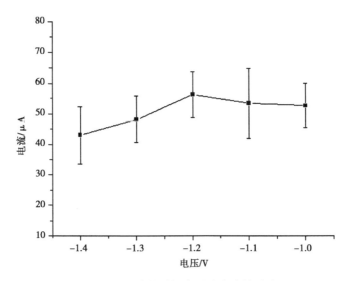

图3-13　沉积电位对铅离子峰电流的影响图

（4）沉积时间对铅离子测定的影响

采用方波伏安法考察了羧基化石墨烯-铋膜纳米复合材料修饰的玻碳电极在不同的铅离子沉积时间条件下对10.000 mg/L铅离子溶液（支持电解质为pH值4.5的0.1 mol/L乙酸缓冲）测定的影响，结果如图3-14所示。当沉积时间在100~550 s范围内不断增加时，铅离子峰电流逐渐增加；当沉积时间超过350 s时，铅离子峰电流的增加趋势变缓。因此，选用350 s为最佳沉积时间进行后续铅离子的测定。

（5）羧基化石墨烯-铋膜纳米复合材料修饰的玻碳电极对不同浓度铅离子的响应

采用羧基化石墨烯-铋膜纳米复合材料修饰的玻碳电极对不同浓度的铅离子溶液（支持电解质为pH值4.5的0.1 mol/L乙酸缓冲）进行了测定。图3-15为不同浓度铅离子在羧基化石墨烯-铋膜纳米复合材料修饰的玻碳

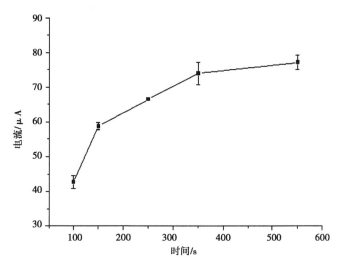

图 3-14 沉积时间对铅离子峰电流的影响图

电极上的方波伏安图。由图 3-15 可知，随着铅离子浓度的增加，其峰电流不断增大，而且其峰电流与浓度在 0.075~0.500 mg/L 范围内呈现线性（相关系数为 0.9926，图 3-16），检出限为 0.002 mg/L。

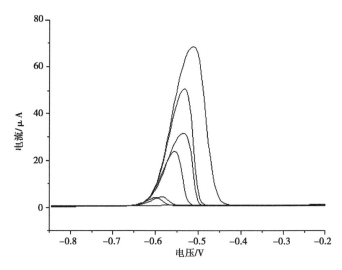

图 3-15 羧基化石墨烯-铋膜纳米复合材料修饰的玻碳电极检测不同浓度铅离子溶液（支持电解质为 pH 值 4.5 的 0.1 mol/L 乙酸缓冲）的方波伏安图（从下到上铅离子浓度依次为：0 mg/L、0.075 mg/L、0.100 mg/L、0.200 mg/L、0.300 mg/L、0.400 mg/L、0.500 mg/L）

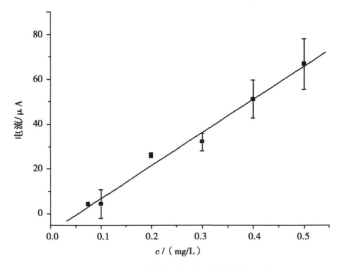

图 3-16　铅离子峰电流与浓度的线性拟合图

（6）重现性

采用同一修饰电极对 0.300 mg/L 铅离子溶液（支持电解质为 pH 值 4.5 的 0.1 mol/L 乙酸缓冲）分别进行平行测定 5 次，其峰电流的相对标准偏差为 10.39%。采用 4 根不同的修饰电极对 0.300 mg/L 铅离子溶液（支持电解质为 pH 值 4.5 的 0.1 mol/L 乙酸缓冲）分别进行测定，其峰电流的相对标准偏差为 8.62%。

（7）选择性

采用方波伏安考察了 100 倍浓度的氯化钠、氯化镁、氯化钾、氯化铝、硫酸铜、硝酸锌、乙酸镉、氯化钙溶液（支持电解质为 pH 值 4.5 的 0.1 mol/L乙酸缓冲）对 0.400 mg/L 铅离子测定的影响。除 100 倍浓度的硫酸铜和乙酸镉外，100 倍浓度的其余物质导致铅离子的峰电流变化均在 ±5% 以内，表明该方法具有较高的选择性。

（8）水样中铅离子浓度的测定

以水样为研究对象，考察了该方法的实用性。采用标准加入法配制含不同标准浓度铅离子的水样溶液（支持电解质为 pH 值 4.5 的 0.1 mol/L 乙酸缓冲），用方波伏安法对上述溶液分别测定。经对获得的试验结果分析，计算求得水样中铅离子的含量为 0.17 mg/L，未达到生活饮用水卫生标准（限量 0.01 mg/L）[18]，因此不属于合格的生活饮用水。

3. 小结

本研究基于羧基化石墨烯-铋膜纳米复合材料修饰的玻碳电极建立了一种电化学检测铅离子的新方法。采用电化学沉积法将羧基化石墨烯纳米材料和铋膜修饰到玻碳电极表面，制备羧基化石墨烯-铋膜纳米复合材料修饰的玻碳电极。通过考察铋离子浓度、缓冲溶液 pH 值、铅离子沉积电位、铅离子沉积时间等条件对铅离子测定的影响，获得最佳的铅离子测定条件为铋离子浓度 0.300 mg/L、缓冲溶液 pH 值 4.5、铅离子沉积电位 -1.2 V、铅离子沉积时间 350 s。进一步将该方法用于不同浓度铅离子的测定。该方法检测铅离子的线性范围为 0.075~0.500 mg/L，检出限为 0.002 mg/L。用同一羧基化石墨烯-铋膜纳米复合材料修饰的玻碳电极及不同修饰电极分别对 0.300 mg/L 铅离子平行测定，其峰电流的相对标准偏差分别为 10.39%（$n=5$）和 8.62%（$n=4$）。100 倍浓度的氯化钠、氯化镁、氯化钾、氯化铝、硝酸锌和氯化钙对 0.400 mg/L 铅离子测定的影响可忽略不计，而 100 倍浓度的硫酸铜和乙酸镉对 0.400 mg/L 铅离子的测定有影响。在此基础上，对某水样中铅离子的含量进行测定，结果表明该水样中的铅离子含量未达到生活饮用水卫生标准。该方法具有步骤简单、使用方便、检测快速、线性范围宽、选择性高，有望在食品检验、环境分析等领域实现应用。

第三节　食品中兽药残留分析

一、食品中兽药残留概述

兽药是指用于预防、治疗、诊断动物疾病或有目的地调节动物生理机能的物质[1]。按照发挥作用的不同，可以将兽药大致分为三大类：抗生素类兽药、抗寄生虫类兽药和激素类兽药[37]。抗生素类兽药可以对某些病原微生物的生命活动起到特异的抑制或杀灭作用，包括四环素类抗生素、大环内酯类抗生素、β-内酰胺类抗生素、氯霉素、氨基糖苷类抗生素、硝基呋喃类抗生素、磺胺类抗生素等。抗寄生虫类兽药用来驱虫或杀虫，包括克球酚、苯并咪唑类、吡喹酮等。激素类兽药用来加快动物的生长发育速度，包括生长激素、性激素、β-兴奋剂等。

兽药残留是指动物使用兽药后，动物性产品的任何可食用部分含有的兽药及其配体化合物或其代谢物的总称[37]。造成兽药残留超标的原因主要有过量使用兽药、非法使用违禁兽药等。滥用兽药容易带来严重的食品安全问题，不但会影响消费者的身体健康（如损害肝脏、肾脏、中枢神经系统，致畸、致突变等），而且会阻碍农产品和食品的出口贸易，还会损害国家食品行业的国际信誉。因此，许多国家对食品中允许的兽药最大残留量进行了规定。为提高食品的卫生质量、保障食品的安全性、保护消费者的身体健康、维护国家食品行业的国际信誉，建立快速、灵敏、准确的食品中兽药残留测定方法是非常必要的。

二、食品中磺胺二甲基嘧啶残留的测定方法研究

磺胺类兽药由于具有成本低廉、性质稳定、使用简便、抗菌谱广等特点，成为动物性产品中普遍使用的一类兽药。磺胺类兽药的普通给药方式是定时口服，为尽快达到有效血药浓度、增强药效，开始时宜将使用剂量加倍，而且部分磺胺类兽药排泄较快需反复给药。磺胺类兽药种类繁杂，经过长期的选择，一些毒性较大的磺胺类兽药如磺酸基苯甲酰胺、磺胺噻唑、磺胺多辛等逐渐被淘汰。目前，用于实际临床最多的磺胺类兽药有磺胺二甲基嘧啶、磺胺嘧啶、磺胺甲基异恶唑等。经常食用含有磺胺类兽药残留的动物性食品，残留的磺胺类药物会在人体内产生蓄积作用，产生各种慢性毒性、免疫毒性和生殖毒性[38]。为保障对动物的合理用药、动物性产品的安全性、人体健康，许多国家明确规定了磺胺类药物在动物性产品中的最高残留限量。因此，开展磺胺类兽药残留的检测方法研究具有重要意义。

磺胺二甲基嘧啶除具有磺胺类兽药的性质外，还可以抑制球虫的生长繁殖，具有抗菌能力强、毒性小、吸收速度快、在畜禽体内药效作用时间长等特点，在畜牧生产中得到广泛应用[39]。目前，用于磺胺二甲基嘧啶兽药残留的检测方法主要有高效液相色谱法[38,39]、液相色谱-质谱联用法[40,41]、酶联免疫分析法[42]、毛细管电泳法[43]、红外光谱法[44]、电化学分析法[45-47]等。与其他检测方法相比，电化学分析法是一种价廉、灵敏的检测方法，而且可以根据磺胺二甲基嘧啶兽药的电化学活性实现对其定量检测。

石墨烯由于具有导电性好、比表面积大，被广泛用于制作化学修饰电极构建电化学传感器和电化学生物传感器，而它在磺胺二甲基嘧啶兽药残留检测中的应用较少。本实验主要研究了一种石墨烯纳米材料修饰的玻碳电极电化学检测磺胺二甲基嘧啶的新方法。采用滴涂法或电化学沉积法制得石墨烯

纳米材料修饰的玻碳电极。在此基础上，利用石墨烯纳米材料修饰的玻碳电极建立了一种电化学检测磺胺二甲基嘧啶的新方法，进一步将该方法用于猪饲料中磺胺二甲基嘧啶含量的测定。

1. 实验及方法

（1）实验材料与仪器

氧化石墨购自南京先丰纳米材料科技有限公司；磺胺二甲基嘧啶购自中国药品生物制药检定所；高氯酸锂、铁氰化钾、硝酸钾、磷酸氢二钾、磷酸二氢钾、硫酸钠、氨水、氯化铵、乙酸、乙酸钠、氯化钠、氯化钾、葡萄糖、草酸、乳糖、甘氨酸、抗坏血酸、多巴胺等试剂购自上海晶纯生化科技股份有限公司。

0.005 mol/L 铁氰化钾（支持电解质为 0.1 mol/L 硝酸钾）溶液用于裸玻碳电极的预处理。

3 mg/mL 氧化石墨烯胶体溶液（支持电解质为 0.1 mol/L 高氯酸锂）用于石墨烯纳米材料修饰的玻碳电极的制作。

0.05 mol/L 氯化钠、0.05 mol/L 硫酸钠、0.05 mol/L 乙酸-乙酸钠缓冲、0.05 mol/L 磷酸氢二钾-磷酸二氢钾缓冲、0.05 mol/L 氨水-氯化铵缓冲用于支持电解质的选择。

pH 值为 3.5~7.6 的 0.05 mol/L 乙酸缓冲溶液由 0.05 mol/L 乙酸和 0.05 mol/L 乙酸钠配制。

不同浓度的磺胺二甲基嘧啶溶液（$5 \times 10^{-5} \sim 1 \times 10^{-3}$ mol/L）的支持电解质均为 0.05 mol/L 乙酸缓冲。1×10^{-3} mol/L 氯化钠、氯化钾、葡萄糖、乳糖、磷酸盐、甘氨酸、硫酸钠、草酸、抗坏血酸、多巴胺溶液的支持电解质均为 0.05 mol/L 乙酸缓冲。

市售猪饲料用于样品的检测。

实验所用仪器设备包括 PHS-3C 酸度计（上海仪电科学仪器有限公司），KX-1990QT 超声波清洗器（北京科玺世纪科技有限公司），Autolab PGSTAT 302N 电化学工作站（Metrohm 瑞士万通中国有限公司），由金工作电极、银-氯化银（参比溶液为 3 mol/L 氯化钾）参比电极和铂丝对电极组成的三电极系统（上海仙仁仪器仪表有限公司）等。

（2）石墨烯纳米材料修饰的玻碳电极的制作

将直径为 3 mm 裸玻碳电极先依次用粒径为 0.5 μm 和 0.05 μm 的氧化铝湿粉打磨，再在超纯水中超声清洗 3 min 后，采用滴涂法或电化学沉积法将石墨烯纳米材料修饰在玻碳电极表面。

滴涂法：使用移液枪将一定体积的 3 mg/mL 氧化石墨烯胶体溶液（支持电解质为 0.1 mol/L 高氯酸锂）滴涂到玻碳电极表面，自然晾干后，将其置于除氧 10 min 后的 0.01 mol/L 磷酸氢二钾–磷酸二氢钾缓冲（pH 值 5.0）中，采用循环伏安法将氧化石墨烯还原为石墨烯，电位扫描范围–1.5~0 V、扫速 20 mV/s、圈数 10 圈，即可制得实验所用的石墨烯纳米材料修饰的玻碳电极。

电化学沉积法：将预处理后的玻碳工作电极置于除氧 10 min 后的 3 mg/mL 氧化石墨烯胶体溶液（支持电解质为 0.1 mol/L 高氯酸锂）中，采用电化学沉积法将石墨烯纳米材料修饰在玻碳工作电极表面，沉积电位和沉积时间分别为–1.2 V 和 800 s，即可以制得实验所用的石墨烯纳米材料修饰的玻碳电极。

（3）电化学检测磺胺二甲基嘧啶方法

首先，采用滴涂法或电化学沉积法制备石墨烯纳米材料修饰的玻碳电极，并将其作为工作电极进行磺胺二甲基嘧啶的电化学检测。然后，将石墨烯纳米材料修饰的玻碳工作电极、银–氯化银（参比溶液为 3 mol/L 氯化钾）参比电极和铂丝对电极与电化学工作站连接，将上述三电极一起浸入含有磺胺二甲基嘧啶的溶液中，采用循环伏安法、方波伏安法或计时电流法对溶液中不同标准浓度的磺胺二甲基嘧啶及市售猪饲料样品中磺胺二甲基嘧啶的含量分别进行了测定。

2. 结果与分析

（1）磺胺二甲基嘧啶在石墨烯纳米材料修饰的玻碳电极上的电化学行为

图 3-17 和图 3-18 分别为 1×10^{-3} mol/L 磺胺二甲基嘧啶溶液（支持电解质为 0.05 mol/L 硫酸钠）在裸玻碳电极和石墨烯纳米材料修饰的玻碳电极（滴涂法制备）上的循环伏安图（扫速 20 mV/s）。由图 3-17 和图 3-18 可知，当溶液中不存在 1×10^{-3} mol/L 磺胺二甲基嘧啶时，在裸玻碳电极和石墨烯纳米材料修饰的玻碳电极（实线）上均未观察到明显的氧化还原峰。而当溶液中存在 1×10^{-3} mol/L 磺胺二甲基嘧啶时，在裸玻碳电极和石墨烯纳米材料修饰的玻碳电极（虚线）上均在 1.0 V 附近观察到了一个明显的氧化峰。这一结果表明磺胺二甲基嘧啶在上述两种电极表面均发生了氧化反应。而且，磺胺二甲基嘧啶在石墨烯纳米材料修饰的玻碳电极得到的氧化峰

电流（31.8 μA）明显高于其在裸玻碳电极得到的氧化峰电流（12.5 μA），表明石墨烯纳米材料修饰的玻碳电极有望用于磺胺二甲基嘧啶的检测。

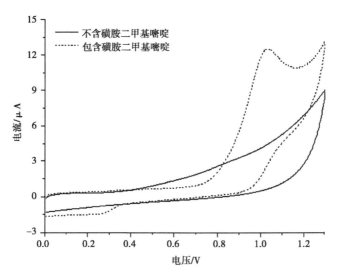

图3-17　1×10^{-3} mol/L 磺胺二甲基嘧啶溶液（支持电解质为 0.05 mol/L 硫酸钠）在裸玻碳电极上的循环伏安图（扫速 20 mV/s）

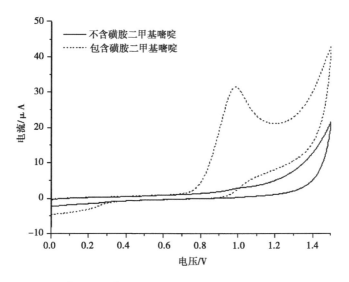

图3-18　1×10^{-3} mol/L 磺胺二甲基嘧啶溶液（支持电解质为 0.05 mol/L 硫酸钠）在石墨烯纳米材料修饰的玻碳电极上的循环伏安图（扫速 20 mV/s）

（2）氧化石墨烯胶体溶液滴涂体积的选择

采用循环伏安法考察了不同滴涂体积的氧化石墨烯胶体溶液（10~40 μL）对石墨烯纳米材料修饰的玻碳电极检测 $1×10^{-3}$ mol/L 磺胺二甲基嘧啶溶液（支持电解质为 0.05 mol/L 硫酸钠）的影响。当氧化石墨烯胶体溶液的滴涂体积为 10 μL 时，未能明显观察到磺胺二甲基嘧啶在石墨烯纳米材料修饰的玻碳电极上的氧化峰。当氧化石墨烯胶体溶液的滴涂体积为 20 μL 时，在 1.025 V 附近观察到磺胺二甲基嘧啶的氧化峰。当氧化石墨烯胶体溶液的滴涂体积为 30 μL 时，同样在 1.025 V 附近观察到磺胺二甲基嘧啶的氧化峰，且其峰电流值略高于氧化石墨烯胶体溶液的滴涂体积为 20 μL 时的峰电流值。而当氧化石墨烯胶体溶液的滴涂体积为 40 μL 时，得到的循环伏安图峰形复杂不利于磺胺二甲基嘧啶的检测。因此，选择 30 μL 为最佳的氧化石墨烯胶体溶液滴涂体积进行后续磺胺二甲基嘧啶的测定。

（3）支持电解质的选择

采用循环伏安法分别考察了不同的支持电解质对石墨烯纳米材料修饰的玻碳电极检测 $1×10^{-3}$ mol/L 磺胺二甲基嘧啶溶液的影响。为了获得测定磺胺二甲基嘧啶的最佳支持电解质，实验研究了支持电解质 0.05 mol/L 氯化钠、0.05 mol/L 硫酸钠、0.05 mol/L 乙酸-乙酸钠缓冲、0.05 mol/L 磷酸氢二钾-磷酸二氢钾缓冲、0.05 mol/L 氨水-氯化铵缓冲对磺胺二甲基嘧啶测定的影响。通过对比各个支持电解质中磺胺二甲基嘧啶的氧化峰电流值可知，磺胺二甲基嘧啶在 0.05 mol/L 乙酸-乙酸钠缓冲溶液中获得了最大的氧化峰电流值且其氧化峰的峰形最好，故选择 0.05 mol/L 乙酸-乙酸钠缓冲为测定磺胺二甲基嘧啶的最佳支持电解质。

（4）乙酸-乙酸钠缓冲溶液 pH 值的选择

采用方波伏安法分别考察了 0.05 mol/L 乙酸-乙酸钠缓冲溶液 pH 值对石墨烯纳米材料修饰的玻碳电极检测 $1×10^{-3}$ mol/L 磺胺二甲基嘧啶溶液的影响。在室温条件下，用酸度计测得 0.05 mol/L 乙酸-乙酸钠缓冲溶液 pH 值的范围为 3.5~7.6，故实验考察了 pH 值为 3.5、4.0、4.5、5.0、5.5、6.0、6.5、7.0、7.6 的 0.05 mol/L 乙酸-乙酸钠缓冲溶液对磺胺二甲基嘧啶测定的影响。通过对比各个缓冲溶液 pH 值条件下获得的磺胺二甲基嘧啶的氧化峰电流值可知，当乙酸-乙酸钠缓冲溶液 pH 值为 3.5 时，得到的磺胺二甲基嘧啶氧化峰电流值最大。因此，选择 pH 值 3.5 为最佳缓冲溶液 pH 值进行后续磺胺二甲基嘧啶的测定。

（5）石墨烯纳米材料修饰的玻碳电极制作方法的选择

采用方波伏安法考察了滴涂法和电化学沉积法制作的石墨烯纳米材料修饰的玻碳电极对 $1×10^{-4}$ mol/L 磺胺二甲基嘧啶溶液（支持电解质为 pH 值 3.5 的 0.05 mol/L 乙酸–乙酸钠缓冲）测定的影响。通过对比不同制作方法条件下获得的磺胺二甲基嘧啶的氧化峰电流值可知，用电化学沉积法制作的石墨烯纳米材料修饰的玻碳电极测得的磺胺二甲基嘧啶的氧化峰电流值明显高于用滴涂法制作的修饰电极测得的氧化峰电流值。因此，后续选择电化学沉积法制作的石墨烯纳米材料修饰的玻碳电极进行磺胺二甲基嘧啶的测定。

（6）石墨烯纳米材料修饰的玻碳电极对不同浓度磺胺二甲基嘧啶的响应

图 3-19 为石墨烯纳米材料修饰的玻碳电极在工作电位 1.025 V 条件下向搅拌的 50 mL pH 值 3.5 的 0.05 mol/L 乙酸–乙酸钠缓冲溶液中依次加入不同浓度的磺胺二甲基嘧啶获得的电流–时间曲线。随着磺胺二甲基嘧啶浓度从 0.1 μmol/L 增加到 59.0 μmol/L 时，磺胺二甲基嘧啶的氧化电流随其浓度最初变化不明显。当磺胺二甲基嘧啶的浓度高于 0.5 μmol/L 时，其氧化电流呈现逐渐增加的变化趋势，响应时间约为 2 s。而且，磺胺二甲基嘧啶的氧化电流与其浓度在 0.7~59.0 μmol/L 浓度范围内呈现良好的线性关系（相关系数为 0.999 2，图 3-20）。该方法的检出限为 0.5 μmol/L。

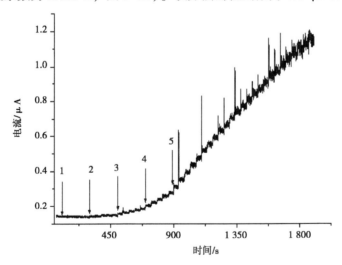

图 3-19　pH 值 3.5 的 0.05 mol/L 乙酸–乙酸钠缓冲溶液中连续产生不同浓度磺胺二甲基嘧啶（图中 1~5 对应的磺胺二甲基嘧啶浓度依次为 $1×10^{-7}$ mol/L、$2×10^{-7}$ mol/L、$5×10^{-7}$ mol/L、$1×10^{-6}$ mol/L 和 $2×10^{-6}$ mol/L）的电流–时间响应图

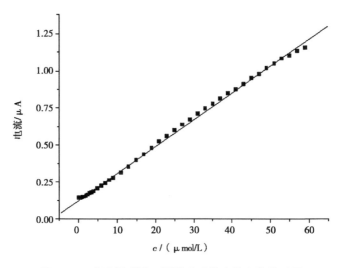

图 3-20　电流随磺胺二甲基嘧啶浓度的变化关系图

（7）重现性

通过测定同一及不同的石墨烯纳米材料修饰的玻碳电极在工作电位为 1.025 V 条件下对 $2×10^{-6}$ mol/L 磺胺二甲基嘧啶的响应，研究该方法的重现性。同一及不同的石墨烯纳米材料修饰的玻碳电极测定 $2×10^{-6}$ mol/L 磺胺二甲基嘧啶产生的电流的相对标准偏差分别为 6.5%（$n=8$）和 0.9%（$n=3$），这些结果表明该方法检测磺胺二甲基嘧啶的重现性较好。

（8）选择性

通过记录石墨烯纳米材料修饰的玻碳电极对 $2×10^{-6}$ mol/L 磺胺二甲基嘧啶和 $2×10^{-6}$ mol/L 氯化钠、氯化钾、葡萄糖、乳糖、磷酸盐、甘氨酸、硫酸钠、草酸、抗坏血酸、多巴胺等竞争物质在工作电位为 1.025 V 条件下的电流–时间曲线，评估该方法对磺胺二甲基嘧啶的选择性，结果如图 3-21 所示。由图 3-21 可知，除抗坏血酸和多巴胺外，其余物质引起的电流变化不明显，说明该方法对磺胺二甲基嘧啶的测定具有较好的选择性。

（9）猪饲料样品中磺胺二甲基嘧啶浓度的测定

为验证石墨烯纳米材料修饰的玻碳电极在实际中的可能应用，采用计时电流法对猪饲料样品进行了测定。将固体状的猪饲料样品研磨成粉末状，准确称取 5 g 猪饲料溶于 200 mL pH 值 3.5 的 0.05 mol/L 乙酸–乙酸钠缓冲溶液中，超声 60 min 后，用漏斗过滤，再用直径为 0.45 μm 的微孔滤膜过滤。将 250 倍稀释的猪饲料样品和不同标准浓度的磺胺二甲基嘧啶依次加入 pH

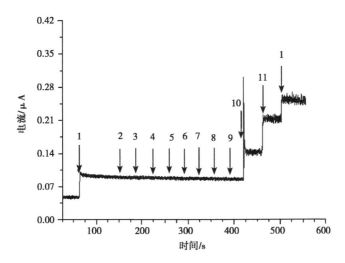

图3-21 pH值3.5的0.05 mol/L乙酸-乙酸钠缓冲溶液中依次产生
$2×10^{-6}$ mol/L的磺胺二甲基嘧啶和其他潜在干扰物质（图中1~11对应的
物质依次为磺胺二甲基嘧啶、氯化钠、氯化钾、葡萄糖、乳糖、磷酸盐、
甘氨酸、硫酸钠、草酸、抗坏血酸、多巴胺）的电流-时间响应图

值3.5的0.05 mol/L乙酸-乙酸钠缓冲溶液中，并记录石墨烯纳米材料修饰
的玻碳电极的电流-时间曲线。经拟合、计算得出250倍稀释的猪饲料样品
中磺胺二甲基嘧啶的浓度为0.21 μmol/L。也就是说，未经稀释的猪饲料样
品中磺胺二甲基嘧啶兽药的残留浓度为52.5 μmol/L。

3. 小结

本研究基于石墨烯纳米材料修饰的玻碳电极建立了一种新型的电化学检
测磺胺二甲基嘧啶方法。研究结果表明，石墨烯纳米材料修饰的玻碳电极可
以增强磺胺二甲基嘧啶的氧化峰电流。最佳的实验条件为氧化石墨烯胶体溶
液的滴涂体积30 μL、支持电解质为0.05 mol/L乙酸-乙酸钠缓冲、缓冲溶
液pH值3.5、电化学沉积法制作石墨烯纳米材料修饰的玻碳电极。在最佳
的实验条件下，磺胺二甲基嘧啶的氧化电流与其浓度在0.7~59.0 μmol/L
浓度范围内呈线性，检测限为0.5 μmol/L，响应时间约为2 s。本研究建立
的方法具有简单、快速、灵敏、响应范围宽等优点，有望应用于其他实际样
品中磺胺二甲基嘧啶兽药残留含量的检测。

本章的相关研究工作已经在山西农业大学学报（自然科学版）杂志上
发表[36,48]。

参考文献

［1］ 王喜波，张英华. 食品分析［M］. 北京：科学出版社，2015.

［2］ 阚建全. 食品化学（第2版）［M］. 北京：中国农业大学出版社，2008.

［3］ 丁晓雯，柳春红. 食品安全学［M］. 北京：中国农业大学出版社，2011.

［4］ 翁芝莹. 快速检测食品中痕量铅、镉、铜的电化学传感方法的研究［D］. 上海：上海交通大学，2012.

［5］ 王穗萍，韩正，杨彤，等. 基于石墨烯的镉离子电化学传感器［J］. 湘潭大学自然科学学报，2015，37：47-51.

［6］ 徐晓瑜，杨琰宁，姚卫蓉，等. 石墨烯修饰电极差分脉冲溶出伏安法同时检测食品中痕量铅、镉和铜［J］. 安徽农业科学，2016，44：90-95，205.

［7］ 杨琰宁，谢云飞，姚卫蓉. 玻碳电极的石墨烯修饰研究及其电化学应用［J］. 食品工业科技，2015，36：275-279.

［8］ 许春萱，熊小琴，金紫荷，等. 聚苏木精/氧化石墨烯修饰玻碳电极测定水样中痕量铅和镉［J］. 信阳师范学院学报（自然科学版），2011，24：241-244.

［9］ 许春萱，吴志伟，曹凤枝，等. 羧基化石墨烯修饰玻碳电极测定水样中的痕量铅和镉［J］. 冶金分析，2010，30：30-34.

［10］ 柏久明，化学修饰电极测定环境水中痕量镉［D］. 齐齐哈尔：齐齐哈尔大学，2012.

［11］ 刘永军，郭子森，孟繁磊. 压力罐消解-原子吸收光谱法测定花生中镉含量不确定度评定［J］. 中国食品添加剂，2019，30：128-133.

［12］ 崔闻宇，吕江维，孙言春. 三氧化二铋电极上的阳极溶出伏安法测定黑木耳中铅和镉残留［J］. 分析试验室，2019，38：212-216.

［13］ 田伦富，代以春，邹德霜. 镉-碘化钾-罗丹明B体系分光光度法测定微量镉［J］. 光谱学与光谱分析，2018，38：301-302.

[14] 张晓清, 杨志岩, 王会才. 葡聚糖还原石墨烯修饰玻碳电极检测水中痕量重金属镉[J]. 功能材料, 2014, 45: 8124-8128,8133.

[15] 唐逢杰, 张凤, 金庆辉, 等. 石墨烯修饰铂电极传感器测定水中微量重金属镉和铅[J]. 分析化学, 2013, 41: 278-282.

[16] 李明杰. 石墨烯官能团化改性及其在电化学检测中的应用研究[D]. 天津: 天津大学, 2015.

[17] 万红利, 万丽, 王贤保, 等. 石墨烯的改性及其在电化学检测方面的研究新进展[J]. 功能材料, 2016, 47: 8035-8042.

[18] 中华人民共和国卫生部, 中国国家标准化管理委员会. 生活饮用水卫生标准: GB 5749—2006 [S]. 北京: 中国标准出版社, 2007: 5.

[19] 王卓, 张兴伍, 李德华, 等. 2010—2012年达州市食品中重金属及有害元素监测结果分析[J]. 中国卫生检验杂志, 2013, 23: 3404-3409.

[20] 徐振球, 成强, 徐金晶, 等. 水产品及其环境重金属含量监测与分析[J]. 江苏农业科学, 2015, 43: 284-286.

[21] 曹秀珍, 曾婧. 我国食品中铅污染状况及其危害[J]. 公共卫生与预防医学, 2014, 25: 77-79.

[22] 何卫东, 窦文超, 赵广英. 多重增敏环保型痕量铅电化学传感器研制[J]. 食品科学, 2015, 36: 168-173.

[23] 杨舫, 窦文超, 赵广英. 基于羟磷灰石电化学传感器快速检测茶叶中痕量铅[J]. 中国食品学报, 2014, 14: 244-250.

[24] 洪华, 王红卫, 张爱平, 等. 基于核酸酶安培型电化学生物传感器的示差脉冲伏安法测定纺织品中的铅[J]. 化学分析计量, 2019, 28: 30-34.

[25] 徐守霞, 王斌. 双硫腙法测定蔬菜中铅残留的研究[J]. 安徽农业科学, 2016, 44: 109-110.

[26] 鲁秀国, 过依婷. 双硫腙显色分光光度法测定校园土壤中微量铅的含量[J]. 华东交通大学学报, 2018, 35: 94-98.

[27] 来守军, 岳昕, 卢栋, 等. 铬天青S分光光度法测定一次性纸杯中的铅[J]. 食品工业, 2019, 40: 165-167.

[28] 房宁, 巩俐彤, 李倩. 石墨炉原子吸收法测定食品铅技术的探

讨[J]. 中国卫生检验杂志, 2009, 19: 2822-2823.

[29] 董喆, 李梦怡, 张会亮, 等. 原子吸收法测定泡菜中铅含量的不确定度评定[J]. 食品安全质量检测学报, 2016, 7: 1011-1017.

[30] 王露, 王芹, 宋鑫, 等. 磁固相萃取-石墨炉原子吸收光谱法测定水中铅[J]. 分析科学学报, 2019, 35: 367-371.

[31] 陈利平, 张志勇, 张宏雨, 等. 石墨炉原子吸收法测定草莓中铅的方法优化[J]. 食品安全质量检测学报, 2019, 10: 3202-3208.

[32] 刘美辰. 石墨炉原子吸收光谱法和胶体金快速定量法测定粮食中铅的对比研究[J]. 食品研究与开发, 2019, 40: 149-153.

[33] 程国栋, 张良政, 孙玉梅, 等. 石墨炉原子吸收光谱法同时测定牛奶中铅、铬[J]. 中国乳品工业, 2017, 45: 39-41, 53.

[34] 卢玉曦, 栾锋, 刘惠涛. 双水杨醛邻苯二胺柱前衍生-高效液相色谱法测定茶叶中的 Pb^{2+}[J]. 色谱, 2017, 35: 843-847.

[35] 李燕红, 陈宗保, 董洪霞. 石墨烯-离子液体修饰玻碳电极同时测定矿石中铅和镉[J]. 冶金分析, 2017, 37: 25-29.

[36] 郭红媛, 魏苗苗, 吴锁柱, 等. 电沉积羧基化石墨烯修饰的玻碳电极电化学检测镉离子[J]. 山西农业大学学报 (自然科学版), 2018, 38: 69-72.

[37] 王世平. 食品安全检测技术[M]. 北京: 中国农业大学出版社, 2009.

[38] 李宏娟, 曹秀梅, 林艳青, 等. 超高效液相色谱法检测鸡肉中磺胺二甲嘧啶残留量的研究[J]. 中国动物保健, 2015, 17: 65-67.

[39] 高智席, 江忠远, 李新发, 等. RP-HPLC 法测定肉牛组织中的磺胺二甲基嘧啶残留量[J]. 西南师范大学学报 (自然科学版), 2011, 36: 37-40.

[40] 刘谦. 基质固相分散萃取-液相色谱串联质谱对肠衣中磺胺类药物残留的测定[J]. 中国动物检疫, 2014, 31: 97-100.

[41] 程国栋, 吴小慧, 金珠, 等. 超高效液相色谱-串联质谱法测定调制乳中 3 种磺胺类药物残留[J]. 色谱, 2015, 33: 892-896.

[42] 黄学泓, 陈燕勤, 林文. 酶联免疫分析法测定猪肠衣中磺胺二甲基嘧啶残留量[J]. 检验检疫学刊, 2011, 21: 21-22, 52.

［43］　周靖雯，吴友谊，殷斌. 中空纤维膜液相微萃取-毛细管电泳法测定环境水样中的 4 种磺胺类药物［J］. 理化检验（化学分册），2018，54：627-633.

［44］　夏慧丽，黄凌. 近红外光谱技术无损检测虾干中磺胺类药物［J］. 食品研究与开发，2014，35：79-82.

［45］　Msagati T A M, Ngila J C. Voltammetric detection of sulfonamides at a poly(3-methylthiophene) electrode［J］. Talanta，2002，58：605-610.

［46］　Su Y L, Cheng S H. A novel electroanalytical assay for sulfamethazine determination in food samples based on conducting polymer nanocomposite-modified electrodes［J］. Talanta，2018，180：81-89.

［47］　Guzmán-Vázquez de Prada A, Reviejo A J, Pingarrón J M. A method for the quantification of low concentration sulfamethazine residues in milk based on molecularly imprinted clean-up and surface preconcentration at a Nafion-modified glassy carbon electrode［J］. Journal of Pharmaceutical and Biomedical Analysis，2006，40：281-286.

［48］　郭红媛，武晨清，吴锁柱，等. 电沉积羧基化石墨烯-铋膜修饰玻碳电极电化学检测铅离子［J］. 山西农业大学学报（自然科学版），2018，38：63-66，71.

第四章　石墨烯纳米材料修饰电极电化学
分析食品中添加剂的研究

第一节　食品中添加剂测定的意义

我国《食品安全法》规定，食品添加剂是指为改善食品品质和色、香、味以及为防腐、保鲜和加工工艺的需要而加入食品中的人工合成或者天然物质[1,2]。我国将食品添加剂分为 23 类，包括防腐剂、酶制剂、膨松剂、增稠剂、消泡剂、乳化剂、被膜剂、增味剂、甜味剂、护色剂、着色剂、漂白剂、抗结剂、酸度调节剂、营养强化剂、水分保持剂、面粉处理剂、抗氧化剂、食品用香料、稳定和凝固剂、胶基糖果中基础剂物质、食品工业用加工助剂及其他[3]。食品添加剂的使用不应对人体的健康产生任何危害，不应降低食品本身的营养价值，不应掩盖食品本身或加工过程中的质量缺陷，也不应掩盖食品的腐败变质，还不应以掺杂、掺假、伪造为目的，在达到预期目的的前提下应尽可能降低其在食品中的使用量[2]。随着食品行业的不断发展，食品种类的日益增多，食品添加剂的种类和使用范围也不断扩大。一些黑心商家为了节约成本、谋取暴利，滥用多种食品添加剂以及非法添加物。近年来，各种因滥用食品添加剂以及非法添加物导致的食品安全事件频繁发生，给消费者的身体健康及生命安全带来巨大的影响。因此，发展对各种各类食品添加剂的测定方法、加强对食品添加剂的安全监管是非常迫切的。

第二节　食品中甜味剂分析

一、食品中甜味剂概述

甜味剂是指能赋予食品甜味的一类食品添加剂。按来源可以将甜味剂分为天然甜味剂和人工合成甜味剂两大类。天然甜味剂包括葡萄糖、果糖、蔗糖、乳糖等糖类甜味剂，木糖醇、山梨糖醇等糖醇类甜味剂，以及甜菊糖苷、甘草素等非糖天然甜味剂。人工合成甜味剂包括糖精钠、甜蜜素（环己基氨基磺酸钠）、安赛蜜（乙酰磺胺酸钾）等。葡萄糖、果糖、蔗糖、乳糖等糖类除可以赋予食品甜味外，还是可以供给人体热能的重要营养素，通常被视为食品原料，不作为食品添加剂使用[1,3]。

食品中的甜味剂具有供给人体能量、赋予食品甜味、增强食品风味、掩蔽食品的不良风味等作用[3]。食品甜味是人们普遍喜欢的一种味感，不仅可以满足人们的嗜好要求，还可以改进食品的可口性。甜味剂的使用非常广泛，可以用于冷冻饮品、罐头、蜜饯、饮料、调味品、面包、糕点等食品中。例如，糖精钠是一种人工合成甜味剂，在果脯蜜饯产品中的使用非常普遍，由于其致癌的可能性尚未完全排除，应避免长期大量食用，我国规定其最大使用量为 0.15 g/kg，而且不可以将其用于婴幼儿食品中[2,3]。甜味剂的超量、超范围使用容易带来食品安全问题。因此，开展甜味剂测定方法的研究对保障食品安全、加强对食品添加剂的安全监管是非常必要的。

二、食品中木糖醇、甘露糖醇和山梨糖醇的测定方法研究

糖醇是糖类物质的醛基或酮基加氢还原后生成的产物。例如，木糖的醛基加氢还原后可以生成木糖醇，果糖的酮基加氢还原后可以生成甘露糖醇，葡萄糖的醛基加氢还原后可以生成山梨糖醇等。糖醇类物质具有一定的甜度，可以用来制作无糖的甜味食品。糖醇类物质食用后不能被口腔中的微生物利用，可以预防龋齿；同时，它们可以为人体提供一定的热量，而且在体内的代谢一般不依赖胰岛素，不会引起血糖的升高，因此，常常可以作为糖尿病人、肥胖症患者提供热量的营养型甜味剂。例如，使用木糖醇可以制作受大众欢迎的口香糖产品。经常咀嚼口香糖可以给人体带来很多好处，不但

可以增加唾液分泌使口腔和牙齿变得更加清洁，而且可以活动面部神经使面部肌肉更富有弹性、头脑更加清醒。

综上所述，对糖醇的检测在食品分析、医药行业产品质量控制等领域具有重要的意义。近年来，国内外研究者已经发展多种方法进行糖醇的检测，主要包括气相色谱法[4]、高效液相色谱法[5-9]、气相色谱-质谱联用法[10]、高效液相色谱-质谱联用法[11]、荧光光谱法[12]、毛细管电泳法[13-15]、电化学分析法[16-19]等。在这些检测方法中，电化学分析法具有成本低、分析时间短、灵敏度高、选择性好等优点。目前，仅有少数关于电化学分析法检测糖醇的报道[16-19]，而且其灵敏度较低、响应范围较窄。

有机硼酸化合物可以选择性地识别二醇类物质如糖类物质，两者可以在中性溶液和碱性溶液中共价键合形成五元环或六元环的酯类物质，利用这一性质可以进行二醇类物质的检测和分离[20-26]。由于具有成本低、可以采用电化学法一步合成等优点，聚氨基苯硼酸导电聚合物如聚间氨基苯硼酸广泛用于设计非酶电化学传感器并且将这些传感器用于不同的糖类物质[20-23]和其他物质如唾液酸[27]、多巴胺[28]、糖化血红蛋白[29]、氟离子[30]、碘离子[31]等物质的检测。除可以用单一的聚间氨基苯硼酸材料进行检测外，也有关于聚间氨基苯硼酸与其他材料组成的复合材料进行电化学传感检测的报道。例如，可以采用碳纳米管-聚间氨基苯硼酸复合材料修饰电极构建非酶糖类物质电化学传感器[25]，并将此传感器用于果糖和葡萄糖的测定，但它也存在灵敏度较低、响应范围较窄等缺陷。石墨烯及其衍生物是近十余年快速发展起来的一类二维碳纳米材料，由于具有比表面积大、导电性好等优点，广泛用于能源、传感检测、药物传递、生物成像等领域[32-38]。本研究拟基于石墨烯-聚间氨基苯硼酸纳米复合材料修饰的金电极和硼酸-二醇识别作用建立一种新型的非酶电化学检测糖醇的传感器。首先，通过电化学沉积法和电化学聚合法制得实验所用的石墨烯-聚间氨基苯硼酸纳米复合材料修饰的金电极。然后，将制备的石墨烯-聚间氨基苯硼酸纳米复合材料修饰的金电极置于溶有糖醇和铁氰化钾的混合溶液中，糖醇就会共价键合到硼原子上形成五元环或六元环的酯类物质，该环状物质可以对铁氰化钾在电极表面的还原反应产生空间位阻效应，引起铁氰化钾的还原峰电流信号降低，借此实现对糖醇的间接检测。以木糖醇、甘露糖醇和山梨糖醇为研究对象，考察了传感器的响应性能。

1. 实验及方法

（1）实验材料与仪器

氧化石墨购自南京先丰纳米材料科技有限公司。木糖醇、甘露糖醇、山梨糖醇、硝酸铝、氯化钙、硫酸铜、溴化钾、氯化钾、氯化镁、氯化钠、硝酸锌、间氨基苯硼酸、铁氰化钾、高氯酸锂、氢氧化钠、磷酸二氢钠、磷酸氢二钠等化学试剂均为分析纯，购自上海阿拉丁生化科技股份有限公司。

3 mg/mL 氧化石墨烯胶体溶液（支持电解质为 0.1 mol/L 高氯酸锂）和 0.04 mol/L 间氨基苯硼酸单体溶液（支持电解质为 0.2 mol/L 盐酸和 0.05 mol/L 氯化钠）用于石墨烯–聚间氨基苯硼酸纳米复合材料修饰的金电极的制作。

0.1 mol/L 磷酸缓冲溶液由磷酸二氢钠和磷酸氢二钠配制，并用 0.1 mol/L 磷酸和 0.1 mol/L 氢氧化钠调整缓冲溶液 pH 值为 3.0。

不同浓度的木糖醇溶液（$1\times10^{-12}\sim1\times10^{-1}$ mol/L）、不同浓度的甘露糖醇溶液（$1\times10^{-12}\sim1\times10^{-1}$ mol/L）和不同浓度的山梨糖醇溶液（$1\times10^{-12}\sim1\times10^{-1}$ mol/L）的支持电解质均为 1×10^{-2} mol/L 铁氰化钾和 pH 值 3.0 的 0.1 mol/L 磷酸缓冲。1×10^{-3} mol/L 潜在干扰物质溶液的支持电解质均为 1×10^{-2} mol/L 铁氰化钾和 pH 值 3.0 的 0.1 mol/L 磷酸缓冲。

益达木糖醇无糖口香糖（箭牌糖果有限公司）用于样品的检测。

实验所用仪器设备包括 PHS–3C 酸度计（上海仪电科学仪器有限公司）、KX–1990QT 超声波清洗器（北京科玺世纪科技有限公司）、Autolab PGSTAT 302N 电化学工作站（Metrohm 瑞士万通中国有限公司）及三电极系统（上海仙仁仪器仪表有限公司）等。三电极系统由金工作电极、参比溶液为 3 mol/L 氯化钾的银–氯化银参比电极和铂丝对电极组成。

（2）石墨烯–聚间氨基苯硼酸纳米复合材料修饰的金电极的制备

参照作者先前报道的电极制作方法制备石墨烯–聚间氨基苯硼酸纳米复合材料修饰的金电极[39]。将制备的石墨烯–聚间氨基苯硼酸纳米复合材料修饰的金电极作为工作电极，进行后续木糖醇、甘露糖醇和山梨糖醇的电化学检测。

（3）电化学检测木糖醇、甘露糖醇和山梨糖醇方法

将石墨烯–聚间氨基苯硼酸纳米复合材料修饰的金工作电极、银–氯化银参比电极（参比溶液为 3 mol/L 氯化钾）和铂丝对电极与电化学工作站的相应电极夹连接好，并且将这三种电极同时浸入含某一浓度糖醇和铁氰化

的混合溶液中。溶液中的糖醇将与修饰电极表面聚间氨基苯硼酸纳米材料薄膜上的硼酸基团发生共价键合，并且形成五元环或六元环的酯类物质，该环状物质可以对铁氰化钾探针 $Fe(CN)_6^{3-}$ 在电极表面的电荷转移产生空间位阻效应，同时引起铁氰化钾的还原峰电流信号降低（图4-1）。借助铁氰化钾探针 $Fe(CN)_6^{3-}$ 在修饰电极表面产生的还原峰电流信号变化，实现石墨烯-聚间氨基苯硼酸纳米复合材料修饰的金电极对糖醇的间接电化学检测。采用方波伏安法研究了石墨烯-聚间氨基苯硼酸纳米复合材料修饰的金电极电化学检测木糖醇、甘露糖醇和山梨糖醇的响应范围、检出限、重现性、选择性等性能，进一步将其用于实际样品如口香糖样品中木糖醇含量的测定。

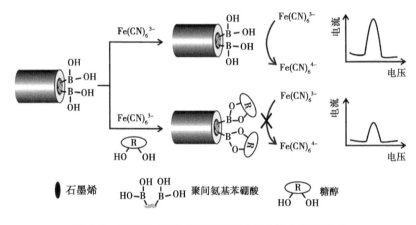

图4-1　石墨烯-聚间氨基苯硼酸纳米复合材料修饰的
金电极电化学检测糖醇的原理示意图

2. 结果与分析

（1）石墨烯-聚间氨基苯硼酸纳米复合材料修饰的金电极对不同浓度木糖醇、甘露糖醇和山梨糖醇的响应

图4-2为石墨烯-聚间氨基苯硼酸纳米复合材料修饰的金电极在含不同浓度木糖醇的 $1×10^{-2}$ mol/L 铁氰化钾溶液（支持电解质为 pH 值3.0的 0.1 mol/L磷酸缓冲）中的方波伏安图。随着溶液中木糖醇的浓度从 $1×10^{-12}$ mol/L不断增加至 $1×10^{-1}$ mol/L，可以在 0.26 V 处观察到铁氰化钾的还原峰电流值不断降低。这主要是由于随着溶液中木糖醇浓度的逐渐增加，木糖醇分子会不断地共价键合在修饰电极表面的聚间氨基苯硼酸纳米材料膜的硼酸基团上，导致修饰电极表面对铁氰化钾探针 $Fe(CN)_6^{3-}$ 产生的空间位阻不断增大，使得铁氰化钾探针 $Fe(CN)_6^{3-}$ 更加难以在修饰电极表面发

生电荷转移，因此，观察到铁氰化钾的还原峰电流值随木糖醇浓度的不断增大而持续降低的现象。经拟合，铁氰化钾的还原峰电流值 I 与木糖醇浓度 c 的对数 $\lg c$ 在 $1\times10^{-12} \sim 1\times10^{-2}$ mol/L 浓度范围内呈现良好的线性关系（图 4-3）。在此浓度范围内对应的线性拟合方程为 I （μA）$= 7.771 - 0.696 \lg c$ （mol/L）（$n=11$，相关系数为 -0.9966）。本研究建立的电化学木糖醇传感器的检出限为 6×10^{-13} mol/L（信噪比为 3）。

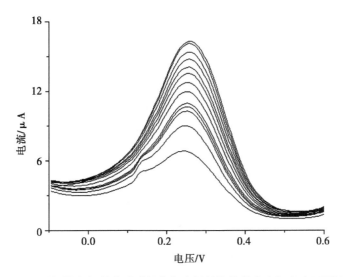

图 4-2　石墨烯-聚间氨基苯硼酸纳米复合材料修饰的金电极在含不同浓度木糖醇（从上到下木糖醇浓度依次为 0 mol/L、1×10^{-12} mol/L、1×10^{-11} mol/L、1×10^{-10} mol/L、1×10^{-9} mol/L、1×10^{-8} mol/L、1×10^{-7} mol/L、1×10^{-6} mol/L、1×10^{-5} mol/L、1×10^{-4} mol/L、1×10^{-3} mol/L、1×10^{-2} mol/L 和 1×10^{-1} mol/L）的 1×10^{-2} mol/L 铁氰化钾溶液（支持电解质为 pH 值 3.0 的 0.1 mol/L 磷酸缓冲）中的方波伏安图

表 4-1 为已报道的电化学木糖醇传感器与本研究建立的电化学木糖醇传感器在分析性能上的对比。由表 4-1 可知，本研究建立的电化学木糖醇传感器的分析性能较已报道的电化学木糖醇传感器在响应范围和检出限方面具有明显的优势。这些结果表明本研究制备的石墨烯-聚间氨基苯硼酸纳米复合材料修饰的金电极显著提高了电极的比表面积和导电性。

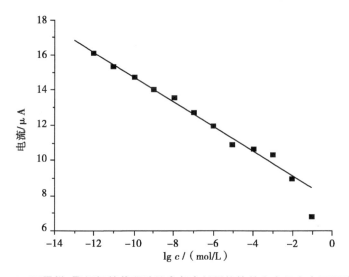

图 4-3 石墨烯-聚间氨基苯硼酸纳米复合材料修饰的金电极在含不同浓度

木糖醇（$1×10^{-12}$~$1×10^{-1}$ mol/L）的 $1×10^{-2}$ mol/L 铁氰化钾溶液

（支持电解质为 pH 值 3.0 的 0.1 mol/L 磷酸缓冲）中的铁氰化钾还原峰

电流值随木糖醇浓度的变化关系图

表 4-1 已报道的电化学木糖醇传感器与本研究建立的电化学

木糖醇传感器在分析性能上的对比

电极材料	检测方法	响应范围（mol/L）	检出限（mol/L）	参考文献
铂电极	循环伏安法	$1×10^{-3}$~$3×10^{-1}$	—	[17]
掺硼金刚石电极	方波伏安法	$5×10^{-6}$~$6.4×10^{-5}$	$1.3×10^{-6}$	[18]
石墨烯-聚间氨基苯硼酸纳米复合材料修饰的金电极	方波伏安法	$1×10^{-12}$~$1×10^{-2}$	$6×10^{-13}$	本研究

　　此外，采用方波伏安法分别考察了石墨烯-聚间氨基苯硼酸纳米复合材料修饰的金电极对不同浓度的甘露糖醇（支持电解质为 $1×10^{-2}$ mol/L 铁氰化钾和 pH 值 3.0 的 0.1 mol/L 磷酸缓冲）和不同浓度的山梨糖醇（支持电解质为 $1×10^{-2}$ mol/L 铁氰化钾和 pH 值 3.0 的 0.1 mol/L 磷酸缓冲）的电化学响应。

　　与溶液中不存在甘露糖醇获得的方波伏安信号相比，当溶液中含 $1×10^{-12}$ mol/L甘露糖醇时，可以引起铁氰化钾还原峰电流值的降低（图 4-4）。这主要是由于溶液中的甘露糖醇分子与石墨烯-聚间氨基苯硼酸纳米复合材料修饰的金电极表面的聚间氨基苯硼酸纳米材料膜上的硼酸基团发生了共价键合并且可以形成五元环或六元环的酯类物质；这种环状的酯类物质可以在修饰电极表面对铁氰化钾探针$Fe(CN)_6^{3-}$产生空间位阻效应，导致铁氰化钾探针$Fe(CN)_6^{3-}$在修饰电极表面的电荷转移受到阻碍，使得铁氰化钾的还原峰电流信号降低。随着溶液中甘露糖醇的浓度从1×10^{-12} mol/L 不断增加至1×10^{-1} mol/L时，铁氰化钾的还原峰电流值逐渐降低（图4-4）。这主要是由于随着溶液中甘露糖醇浓度的逐渐增加，甘露糖醇分子会不断的共价键合在修饰电极表面的聚间氨基苯硼酸纳米材料膜的硼酸基团上，导致修饰电极表面对铁氰化钾探针$Fe(CN)_6^{3-}$产生的空间位阻效应更加明显，使得铁氰化钾探针$Fe(CN)_6^{3-}$在修饰电极表面进行电荷转移变得更加困难，因此，观察到铁氰化钾的还原峰电流值随着甘露糖醇浓度的不断增加而持续降低的趋势。而且，铁氰化钾的还原峰电流值I与甘露糖醇浓度c的对数$\lg c$在$1\times10^{-11}\sim1\times10^{-2}$ mol/L 浓度范围内呈现良好的线性关系（图4-5），线性拟合方程为I（μA）= 12.013 −0.694 $\lg c$（mol/L）（$n=10$，相关系数为−0.9951）。本研究建立的电化学甘露糖醇传感器的检出限为3×10^{-12} mol/L（信噪比为3）。

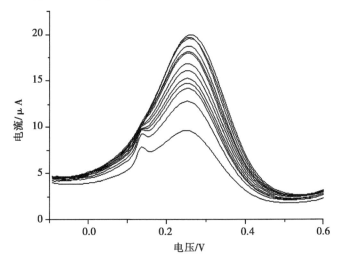

图 4-4　石墨烯−聚间氨基苯硼酸纳米复合材料修饰的金电极在含不同浓度甘露糖醇（从上到下甘露糖醇浓度依次为 0 mol/L、1×10^{-12} mol/L、1×10^{-11} mol/L、1×10^{-10} mol/L、1×10^{-9} mol/L、1×10^{-8} mol/L、1×10^{-7} mol/L、1×10^{-6} mol/L、1×10^{-5} mol/L、1×10^{-4} mol/L、1×10^{-3} mol/L、1×10^{-2} mol/L和1×10^{-1} mol/L）的1×10^{-2} mol/L铁氰化钾溶液（支持电解质为 pH 值 3.0的 0.1 mol/L 磷酸缓冲）中的方波伏安图

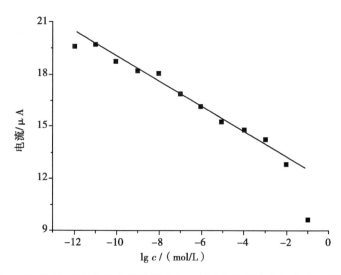

图 4-5　石墨烯-聚间氨基苯硼酸纳米复合材料修饰的金电极在含不同浓度
甘露糖醇（$1\times10^{-12}\sim1\times10^{-1}$ mol/L）的 1×10^{-2} mol/L 铁氰化钾溶液
（支持电解质为 pH 值 3.0 的 0.1 mol/L 磷酸缓冲）中的铁氰化钾还原峰电流
值随甘露糖醇浓度的变化关系图

　　与溶液中不存在山梨糖醇获得的方波伏安信号相比，当溶液中含
1×10^{-12} mol/L山梨糖醇时，即可引起铁氰化钾还原峰电流值的降低（图
4-6）。这主要是由于溶液中的山梨糖醇分子与修饰电极表面的聚间氨基苯
硼酸纳米材料膜的硼酸基团发生了共价键合并且形成五元环或六元环的酯类
物质；这种环状的酯类物质可以在修饰电极表面对铁氰化钾探针 $Fe(CN)_6^{3-}$
产生空间位阻效应，导致铁氰化钾探针 $Fe(CN)_6^{3-}$ 在修饰电极表面的电荷转
移受阻，使得铁氰化钾的还原峰电流信号降低。随着溶液中山梨糖醇的浓度
从 1×10^{-12} mol/L 不断增加至 1×10^{-1} mol/L，铁氰化钾的还原峰电流值持续
降低（图 4-6）。这主要是由于随着溶液中山梨糖醇浓度的逐渐增加，山梨
糖醇分子会不断地共价键合在修饰电极表面的聚间氨基苯硼酸纳米材料膜的
硼酸基团上，导致修饰电极表面对铁氰化钾探针 $Fe(CN)_6^{3-}$ 产生的空间位阻
效应变得更加显著，使得铁氰化钾探针 $Fe(CN)_6^{3-}$ 在修饰电极表面进行电荷
转移变得更加困难，因此，观察到铁氰化钾的还原峰电流值随着山梨糖醇浓
度的不断增加而逐渐降低的趋势。而且，铁氰化钾的还原峰电流值 I 与山梨
糖醇浓度 c 的对数 $\lg c$ 在 $1\times10^{-12}\sim1\times10^{-3}$ mol/L 浓度范围内呈现良好的线性
关系（图 4-7），线性拟合方程为 I（μA）= 16.365 - 0.502 $\lg c$（mol/L）

（$n=10$，相关系数为$-0.996\ 1$）。本研究建立的电化学山梨糖醇传感器的检出限为7×10^{-14} mol/L（信噪比为3）。

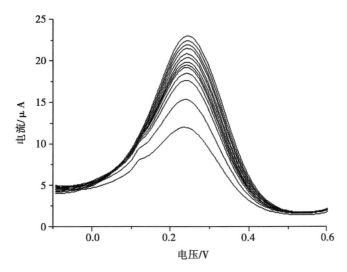

图4-6 石墨烯-聚间氨基苯硼酸纳米复合材料修饰的金电极在含不同浓度山梨糖醇（从上到下山梨糖醇浓度依次为 0 mol/L、1×10^{-12} mol/L、1×10^{-11} mol/L、1×10^{-10} mol/L、1×10^{-9} mol/L、1×10^{-8} mol/L、1×10^{-7} mol/L、1×10^{-6} mol/L、1×10^{-5} mol/L、1×10^{-4} mol/L、1×10^{-3} mol/L、1×10^{-2} mol/L 和 1×10^{-1} mol/L）的 1×10^{-2} mol/L 铁氰化钾溶液（支持电解质为pH 值3.0 的 0.1 mol/L磷酸缓冲）中的方波伏安图

（2）选择性

采用方波伏安法考察了硝酸铝、氯化钙、硫酸铜、溴化钾、氯化钾、氯化镁、氯化钠和硝酸锌对石墨烯-聚间氨基苯硼酸纳米复合材料修饰的金电极电化学检测木糖醇、甘露糖醇和山梨糖醇的影响。通过对比石墨烯-聚间氨基苯硼酸复合材料修饰的金电极在含 1×10^{-3} mol/L 木糖醇的 1×10^{-2} mol/L 铁氰化钾溶液（支持电解质为 pH 值 3.0 的 0.1 mol/L 磷酸缓冲）、含 1×10^{-3} mol/L甘露糖醇的 1×10^{-2} mol/L 铁氰化钾溶液（支持电解质为 pH 值 3.0 的0.1 mol/L 磷酸缓冲）、含 1×10^{-3} mol/L 山梨糖醇的 1×10^{-2} mol/L 铁氰化钾溶液（支持电解质为 pH 值 3.0 的 0.1 mol/L 磷酸缓冲）或含 1×10^{-3} mol/L其他潜在干扰物质的 1×10^{-2} mol/L 铁氰化钾溶液（支持电解质为 pH 值 3.0 的 0.1 mol/L 磷酸缓冲）中的方波伏安图，获得这些潜在干扰物质引起的铁氰化钾还原峰电流值的相对变化值，考察这些潜在的干扰物质

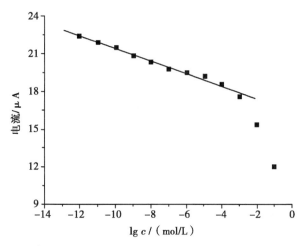

图4-7 石墨烯-聚间氨基苯硼酸纳米复合材料修饰的金电极在含不同浓度
山梨糖醇（$1\times10^{-12}\sim1\times10^{-1}$ mol/L）的 1×10^{2} mol/L 铁氰化钾溶液
（支持电解质为 pH 值3.0 的 0.1 mol/L 磷酸缓冲）中的铁氰化钾还原峰电流
值随山梨糖醇浓度的变化关系图

对修饰电极电化学测定木糖醇、甘露糖醇和山梨糖醇的影响。实验结果表明，上述这些潜在的干扰物质引起的铁氰化钾还原峰电流值的相对变化值均在4%以内。这些结果表明铝离子、钙离子、铜离子、钾离子、镁离子、钠离子、锌离子、硝酸根离子、氯离子、硫酸根离子、溴离子等离子对电化学检测木糖醇、甘露糖醇和山梨糖醇的影响可以忽略不计，即石墨烯-聚间氨基苯硼酸纳米复合材料修饰的金电极对木糖醇、甘露糖醇和山梨糖醇具有良好的选择性。

（3）重现性

采用方波伏安法考察了同一根石墨烯-聚间氨基苯硼酸纳米复合材料修饰的金电极对木糖醇、甘露糖醇和山梨糖醇检测的重现性。通过对比同一根石墨烯-聚间氨基苯硼酸纳米复合材料修饰的金电极分别在含 1×10^{-6} mol/L 木糖醇的1×10^{-2} mol/L 铁氰化钾溶液（支持电解质为 pH 值3.0 的0.1 mol/L 磷酸缓冲）、含 1×10^{-6} mol/L 甘露糖醇的1×10^{-2} mol/L 铁氰化钾溶液（支持电解质为 pH 值3.0 的 0.1 mol/L 磷酸缓冲）、含 1×10^{-6} mol/L 山梨糖醇的1×10^{-2} mol/L铁氰化钾溶液（支持电解质为 pH 值3.0 的 0.1 mol/L 磷酸缓冲）中平行测定多次的方波伏安图，考察同一根修饰电极对木糖醇、甘露糖醇和山梨糖醇检测的重现性。采用同一根石墨烯-聚间氨基苯硼酸纳米复合材料修饰的金电极对含 1×10^{-6} mol/L 木糖醇的溶液、含 1×10^{-6} mol/L 甘露糖醇的溶液和含 1×10^{-6} mol/L 山梨糖醇的溶液分别平行测定 10 次，铁氰化钾还原峰电流值的相对标准偏差分别为 1.6%、2.4% 和 1.0%。这些结果表明本研究建立的电化学传感器对木糖醇、甘露糖醇和山梨糖醇检测的重现性良好。

以木糖醇为研究对象，考察了不同石墨烯–聚间氨基苯硼酸纳米复合材料修饰的金电极对糖醇检测的重现性。通过对比采用相同方法制备的几根不同的石墨烯–聚间氨基苯硼酸纳米复合材料修饰的金电极在含 1×10^{-6} mol/L 木糖醇的 1×10^{-2} mol/L 铁氰化钾溶液（支持电解质为 pH 值 3.0 的 0.1 mol/L 磷酸缓冲）中平行测定的方波伏安图，考察几根不同的修饰电极对木糖醇检测的重现性及电极制作过程的重现性。采用四根不同的石墨烯–聚间氨基苯硼酸纳米复合材料修饰电极对含 1×10^{-6} mol/L 木糖醇的溶液进行平行测定，铁氰化钾还原峰电流值的相对标准偏差为 17.1%，这表明采用相同方法制备的不同修饰电极对糖醇检测的重现性及该修饰电极制作过程的重现性是可接受的。

（4）口香糖样品中木糖醇浓度的测定

为验证本研究建立的电化学糖醇传感器在实际应用中的可能性，采用标准加入法对益达木糖醇无糖口香糖样品中木糖醇的含量进行了测定。首先，称取 2.9063 g 口香糖样品进行研磨，然后将研磨后的样品浸入 100 mL pH 值 3.0 的 0.1 mol/L 磷酸缓冲溶液中 24 h。然后，配制含稀释了 10^6 倍的口香糖样品和各种不同标准浓度木糖醇的 1×10^{-2} mol/L 铁氰化钾溶液（支持电解质为 pH 值 3.0 的 0.1 mol/L 磷酸缓冲）。接着，采用方波伏安法分别测定石墨烯–聚间氨基苯硼酸纳米复合材料修饰的金电极在上述每种混合溶液中的电化学行为。最后，根据对所得的铁氰化钾还原峰电流值结果与木糖醇标准浓度的对数进行拟合，绘制标准曲线，获得标准曲线拟合方程，进一步推算口香糖样品中木糖醇的含量。经拟合与推算，口香糖样品中木糖醇的含量为 31.0%，该数值与口香糖样品中木糖醇含量的标签值 36.0% 接近。这些结果表明本研究建立的电化学糖醇传感器有望用于实际样品分析。

3. 小结

本研究基于石墨烯–聚间氨基苯硼酸纳米复合材料修饰的金电极建立了一种新型的电化学检测糖醇的传感器。以木糖醇、甘露糖醇和山梨糖醇为研究对象，对建立的传感器的响应性能进行了考察。实验结果表明：①传感器对木糖醇浓度的响应范围为 $1×10^{-12} \sim 1×10^{-2}$ mol/L，检出限为$6×10^{-13}$ mol/L；②传感器对甘露糖醇浓度的响应范围为 $1×10^{-11} \sim 1×10^{-2}$ mol/L，检出限为$3×10^{-12}$ mol/L；③传感器对山梨糖醇浓度的响应范围为$1×10^{-12} \sim 1×10^{-3}$mol/L，检出限为 $7×10^{-14}$ mol/L；④传感器的选择性和重现性良好；⑤将建立的传感器用于益达木糖醇无糖口香糖样品中木糖醇含量的测定，结果满意。本研究建立的电化学检测糖醇的新方法具有电极制作简单、分析速度快、响应范围宽、灵敏度高、选择性好等优点，有望进一步用于其他食品中糖醇含量的检测，对食品分析、医药行业产品质量控制等领域具有重要的意义。

第三节　食品中着色剂分析

一、食品中着色剂概述

着色剂是以食品着色为目的的一类食品添加剂。着色剂按照来源可以分为天然着色剂和人工合成着色剂两大类。天然着色剂主要是从动物、植物和微生物中提取、分离或浓缩获得，色调较为自然、安全性较高，但是其生产成本较高、稳定性较差、着色力弱、容易变质、难以调出任意色调[2,3]。常用的天然着色剂有甜菜红、辣椒红、萝卜红、桑葚红、高粱红、红花黄、姜黄、栀子黄、玉米黄、沙棘黄、多惠柯棕、橡子壳棕等[1,3]。人工合成着色剂是利用化学方法合成的着色剂，生产成本较低、稳定性好、着色力强、色泽鲜艳、容易调色，但是其安全性较差[1,3]。随着人们生活水平的提高及对食品安全性问题的日益重视，很多毒性较强的人工合成着色剂已经被禁止使用，各国允许使用的人工合成着色剂正在逐步减少，而且对其在食品中的使用范围及添加量均有严格的限制。目前，我国允许使用的人工合成着色剂有 8 种，即苋菜红、胭脂红、赤藓红、新红、日落黄、柠檬黄、靛蓝和亮蓝[1,2]。

食品中的着色剂可以使食品的色泽鲜艳、悦目，从而影响人们对食品优劣的判断、引发人们对食品味道的联想、影响人们对食品风味的感受、刺激人们的食欲。着色剂只有在国家规定的使用范围及标准内使用才是安全的，否则就会对人体健康造成危害。因此，对食品中着色剂的测定对保障食品安全、保护消费者健康具有重要意义。

二、食品中日落黄的测定方法研究

日落黄是一种广泛应用于食品工业中的人工合成着色剂。它存在于许多食品中，包括饮料、软饮料、果汁、果汁粉、糖果、冰淇淋、固体奶油冻、乳制品、巧克力、烘焙食品等。在食品工业的生产过程中，日落黄常常被添加到上述食品中，目的是避免最终产品的黄色发生变化，或者是为了替代可能在加工过程中失去的天然黄色。由于具有芳香环结构和偶氮官能团，过量的食用日落黄可能会使人体产生过敏、哮喘、焦虑、儿童多动症、癌症等不良状况[40,41]。为了减少或消除日落黄对人体的这些潜在危害，必须严格控制其在食品中的存在和含量。因此，建立快速、灵敏、选择性好、准确度高的检测食品中日落黄的方法，对保证食品行业的质量控制、政府监控食品安全与保障人体健康是十分必要的。

近年来，国内外研究者对检测日落黄的分析方法进行了大量的研究。目前，已经报道的检测日落黄的分析方法有高效液相色谱法[41-45]、液相色谱-质谱联用法[46]、分光光度法[47]、荧光法[48]、毛细管电泳法[49,50]等。然而，这些方法要么存在成本昂贵的缺陷，要么存在需要复杂的预处理步骤或耗费时间长的缺陷，限制了它们在实际中的进一步应用。与这些分析方法相比，电化学方法是一种相对简单、廉价的分析方法，而且可以利用日落黄的电化学活性特征实现对其高灵敏度、高选择性的检测[51-54]。

石墨烯具有由单层碳原子组成的二维蜂窝状结构，是纳米材料科学领域迅速崛起的一颗新星[33]。石墨烯纳米材料及其纳米复合材料具有较高的比表面积和良好的导电性，被广泛应用于制作电化学传感器和生物传感器[55-57]。而且，一些研究者设计了基于石墨烯纳米材料的修饰电极并且将其用于日落黄的电化学传感检测，例如，石墨烯纳米材料修饰的丝网印刷碳电极[58]、石墨烯纳米材料修饰的玻碳电极[59]、壳聚糖-石墨烯纳米复合材料修饰的玻碳电极[60]、石墨烯-磷钨酸纳米复合材料修饰的玻碳电极[61]、石墨烯-二氧化钛纳米复合材料修饰的碳糊电极[40]、氧化石墨烯-多壁碳纳米管修饰的玻碳电极[62]、β-环糊精-聚（二烯丙基二甲基氯化铵）-石墨烯修饰的玻碳旋转圆盘电极[63]等。目前，尚未有关于羧基化石墨烯纳米材料修饰电极电化学检测日落黄的报道。

本实验利用一步电化学沉积将羧基化石墨烯纳米材料修饰在玻碳电极表面，并且将其作为工作电极进行日落黄的电化学检测。首先，用循环伏安法和计时安培法研究了日落黄在该化学修饰电极上的电化学行为。然后，优化了工作电位和溶液 pH 值等因素对羧基化石墨烯纳米材料修饰的玻碳电极测定日落黄性能的影响。最后，对该修饰电极的分析性能进行了详细研究。

1. 实验及方法

（1）实验材料与仪器

羧基化石墨烯纳米材料购自南京先丰纳米材料科技有限公司。日落黄（87%）、高氯酸锂、铁氰化钾、硝酸钾、磷酸氢二钠、葡萄糖、抗坏血酸、磷酸氢二钠、氯化钠、磷酸、氢氧化钠、硫酸铜购自上海晶纯生化科技股份有限公司。实验用水为去离子水。

0.03 mg/mL 羧基化石墨烯纳米材料（支持电解质为 0.1 mol/L 高氯酸锂）分散液用于羧基化石墨烯纳米材料修饰的玻碳电极的制作。

0.1 mol/L 磷酸缓冲溶液由磷酸二氢钠和磷酸氢二钠配制，并用 0.1 mol/L磷酸和 0.1 mol/L 氢氧化钠调整缓冲溶液 pH 值为 2.0~4.5。

不同浓度的日落黄溶液（$5 \times 10^{-5} \sim 2 \times 10^{-3}$ mol/L）的支持电解质为 0.1 mol/L磷酸缓冲，使用前置于 4℃ 下保存。2×10^{-3} mol/L 葡萄糖、抗坏血酸、氯化钠、硫酸铜、硝酸钾溶液的支持电解质为 0.1 mol/L 磷酸缓冲。

橙味汽水用于样品的检测。

实验所用仪器设备包括 KX-1990QT 超声波清洗器（北京科玺世纪科技有限公司），PHS-3C 酸度计（上海仪电科学仪器有限公司），78-1 磁力搅拌器（金坛市鑫鑫实验仪器有限公司），Autolab PGSTAT 302N 电化学工作站（Metrohm 瑞士万通中国有限公司），由玻碳工作电极、饱和甘汞参比电极和铂丝对电极组成的三电极系统（上海仙仁仪器仪表有限公司）等。

（2）羧基化石墨烯纳米材料修饰的玻碳电极的制作

参照作者先前报道的计时电流法制作羧基化石墨烯纳米材料修饰的玻碳电极[64]。即先将直径为 3 mm 的裸玻碳电极依次用粒径为 0.3 μm 和 0.05 μm的氧化铝湿粉机械打磨并超声清洗。再用去离子水将裸玻碳电极冲洗干净后，进行后续羧基化石墨烯纳米材料的修饰。所用的修饰溶液为除氧 10 min 后的 0.03 mg/mL 羧基化石墨烯分散液（支持电解质为 0.1 mol/L 高氯酸锂），沉积电压为 -1.3 V，沉积时间为 1 200 s。最后，用大量去离子水冲洗制备的羧基化石墨烯纳米材料修饰的玻碳电极，并将其用于日落黄的检测。

（3）电化学检测日落黄方法

将裸玻碳工作电极或羧基化石墨烯纳米材料修饰的玻碳工作电极、饱和甘汞参比电极和铂丝对电极与电化学工作站的相应电极夹连接好，并且将这三种电极同时浸入含有某一浓度日落黄的 0.1 mol/L 磷酸缓冲溶液中，进行日落黄的电化学检测。

采用循环伏安法考察了日落黄在裸玻碳电极和羧基化石墨烯纳米材料修饰的玻碳电极上的电化学行为。

采用计时电流法考察了工作电位、溶液 pH 值对羧基化石墨烯纳米材料修饰的玻碳电极电化学检测日落黄的影响。在最适的工作电位、溶液 pH 值条件下对不同浓度的日落黄进行检测。即取 40 mL 最佳酸度的 0.1 mol/L 磷酸缓冲溶液于小烧杯中作为背景溶液，将其放在磁力搅拌器上，加入适当型号的转子，在最佳工作电位下运行合适的时间。待基线走稳后，向背景溶液中依次加入不同浓度、不同体积的日落黄浓溶液多次，将在背景溶液中产生不同浓度梯度的日落黄，记录和观察这些浓度梯度的日落黄在羧基化石墨烯纳米材料修饰的玻碳电极上的电化学响应信号。向背景溶液中依次加入的不同浓度、不同体积的日落黄浓溶液：添加 100 μL 5×10⁻⁵ mol/L 日落黄溶液 4 次，添加 100 μL 1×10⁻⁴ mol/L 日落黄溶液 4 次，添加 100 μL 1×10⁻³ mol/L 日落黄溶液 4 次，添加 100 μL 2×10⁻³ mol/L 日落黄溶液 4 次，添加 100 μL 5×10⁻³ mol/L 日落黄溶液 9 次，每次添加日落黄溶液的间隔时间为 100 s。

2. 结果与分析

（1）日落黄在羧基化石墨烯纳米材料修饰的玻碳电极上的电化学行为

图 4-8 和图 4-9 分别为 1×10⁻⁴ mol/L 日落黄溶液（支持电解质为 pH 值 3.5 的 0.1 mol/L 磷酸缓冲）在裸玻碳电极和羧基化石墨烯纳米材料修饰的玻碳电极上的循环伏安图（扫速 100 mV/s）。由图 4-8 和图 4-9 可知，当溶液中不存在 1×10⁻⁴ mol/L 日落黄时，在裸玻碳电极和羧基化石墨烯纳米材料修饰的玻碳电极（实线）上均未观察到明显的氧化还原峰。而当溶液中存在 1×10⁻⁴ mol/L 日落黄时，在裸玻碳电极和羧基化石墨烯纳米材料修饰的玻碳电极（虚线）上均在 0.78 V 处观察到了一个明显的氧化峰。这一结果表明日落黄在上述两种电极表面均发生了氧化反应。而且，日落黄在羧基化石墨烯纳米材料修饰的玻碳电极得到的氧化峰电流（4.64 μA）明显高于其在裸玻碳电极得到的氧化峰电流（3.68 μA），表明玻碳电极表面修饰羧基化石墨烯纳米材料有望改善电化学检测日落黄的分析性能。

（2）工作电位的选择

采用计时电流法研究了工作电位对羧基化石墨烯纳米材料修饰的玻碳电

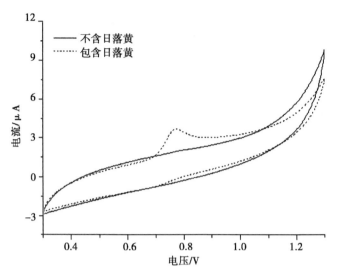

图 4-8 $1×10^{-4}$ mol/L 日落黄溶液（支持电解质为 pH 值 3.5 的 0.1 mol/L 磷酸缓冲）在裸玻碳电极上的循环伏安图（扫速 100 mV/s）

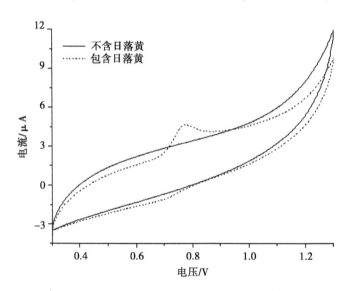

图 4-9 $1×10^{-4}$ mol/L 日落黄溶液（支持电解质为 pH 值 3.5 的 0.1 mol/L 磷酸缓冲）在羧基化石墨烯纳米材料修饰的玻碳电极上的循环伏安图（扫速 100 mV/s）

极电化学检测日落黄的影响。图 4-10 为不同工作电位（0.75~1.00 V）条件下，向 pH 值 3.5 的 0.1 mol/L 磷酸缓冲溶液中依次产生三次 $2.5×10^{-5}$ mol/L浓度的日落黄获得的电流-时间曲线。由图 4-10 可知，当工作电位一定时，随着 $2.5×10^{-5}$ mol/L 日落黄的产生，电流信号会明显升高。

而且，进一步连续产生 2.5×10⁻⁵ mol/L 浓度的日落黄，可以观察到电流信号持续增加。通过比较每次产生 2.5×10⁻⁵ mol/L 浓度的日落黄所引起的电流信号变化选择最佳的工作电位。从图 4-11 可以看出，在工作电位为 0.95 V 的条件下引起的电流信号变化最大，因此，选择 0.95 V 作为最佳的工作电位进行后续研究。

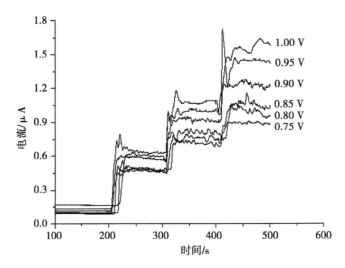

图 4-10　不同工作电位条件下 pH 值 3.5 的 0.1 mol/L 磷酸缓冲溶液中连续产生三次 2.5×10⁻⁵ mol/L 日落黄的电流-时间响应图

(3) 溶液 pH 值的选择

采用计时电流法研究了溶液 pH 值对羧基化石墨烯纳米材料修饰的玻碳电极电化学检测日落黄的影响。图 4-12 为在工作电位 0.95 V 条件下，向不同 pH 值（2.0~4.5）的 0.1 mol/L 磷酸缓冲溶液中依次产生三次 2.5×10⁻⁵ mol/L 浓度的日落黄获得的电流-时间曲线。由图 4-12 可知，当溶液 pH 值一定时，随着 2.5×10⁻⁵ mol/L 日落黄的产生，电流信号明显增大。而且，连续产生 2.5×10⁻⁵ mol/L 浓度的日落黄，电流信号持续增加。通过比较每次产生 2.5×10⁻⁵ mol/L 浓度的日落黄所引起的电流信号变化选择最佳的溶液 pH 值。从图 4-13 可以看出，在溶液 pH 值为 3.5 的条件下引起的电流信号变化最大，因此，选择 pH 值 3.5 作为最佳溶液 pH 值进行后续研究。

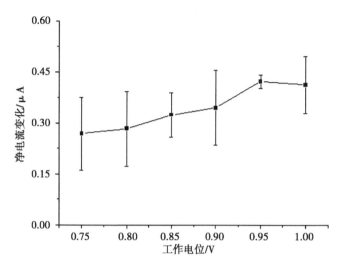

图 4-11　2.5×10⁻⁵ mol/L 日落黄引起的净电流变化值随工作电位的变化关系图

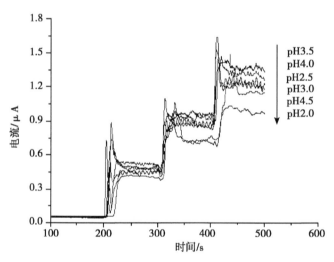

图 4-12　不同溶液 pH 值条件下 0.1 mol/L 磷酸缓冲溶液中连续产生三次 2.5×10⁻⁵ mol/L 日落黄的电流-时间响应图

（4）羧基化石墨烯纳米材料修饰的玻碳电极对不同浓度日落黄的响应

图 4-14 为羧基化石墨烯纳米材料修饰的玻碳电极在工作电位 0.95 V 条件下向搅拌的 pH 值 3.5 的 0.1 mol/L 磷酸缓冲溶液中依次加入不同浓度的日落黄获得的电流-时间曲线。随着日落黄浓度从 0.125 μmol/L 增加到

130.6 μmol/L,日落黄的氧化电流急剧增加，响应时间为 4~35 s。而且，日落黄的氧化电流与其浓度在 0.125~105.6 μmol/L 浓度范围内呈现良好的线性关系（相关系数为 0.9985，图 4-15）。该方法的检出限为 0.11 μmol/L。表 4-2 对比了该方法与已报道的电化学检测日落黄方法的分析性能。与文献报道的方法相比，该方法在分析时间、响应范围和检出限方面存在优势。

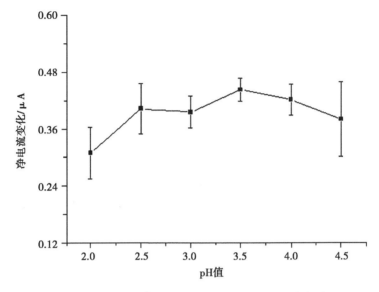

图 4-13　2.5×10⁻⁵ mol/L 日落黄引起的净电流变化值随溶液 pH 值的变化关系图

表 4-2　已报道的电化学检测日落黄方法与本研究建立的方法在分析性能上的对比

电极材料	检测方法	分析时间（s）	响应范围（μmol/L）	检出限（μmol/L）	参考文献
石墨烯	差分脉冲伏安法	180	0.01~20	0.000 5	[58]
石墨烯	线性扫描伏安法	–	6~100	1.8	[59]
石墨烯	线性扫描伏安法	–	1~100	0.3	[59]
壳聚糖-石墨烯	循环伏安法	–	0.2~100	0.066 6	[60]
石墨烯-二氧化钛	方波伏安法	120	0.02~2.05	0.006	[40]
多壁碳纳米管	差分脉冲伏安法	120	0.55~7.00	0.12	[53]
羧基化石墨烯	计时电流法	4~35	0.125~105.6	0.11	本研究

（5）重现性

采用同一及不同的羧基化石墨烯纳米材料修饰的玻碳电极在工作电位为 0.95 V 条件下对 2.5×10⁻⁷ mol/L 日落黄进行测定，研究该方法的重现性。

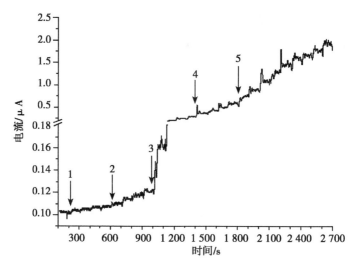

图 4-14　pH 值 3.5 的 0.1 mol/L 磷酸缓冲溶液中连续产生不同浓度日落黄
（图中 1~5 对应的日落黄浓度依次为 1.25×10^{-7} mol/L、2.5×10^{-7} mol/L、
2.5×10^{-6} mol/L、5×10^{-6} mol/L 和 1.25×10^{-5} mol/L）的电流-时间响应图

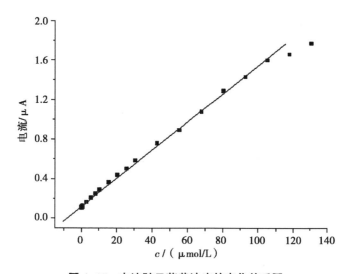

图 4-15　电流随日落黄浓度的变化关系图

同一及不同的羧基化石墨烯纳米材料修饰的玻碳电极测定 2.5×10^{-7} mol/L 日落黄产生的电流的相对标准偏差分别为 9.8%（$n=8$）和 2.9%（$n=3$），这些结果表明该方法检测日落黄的重现性较好。

（6）选择性

通过记录羧基化石墨烯纳米材料修饰的玻碳电极对 $5×10^{-6}$ mol/L 日落黄和 $5×10^{-6}$ mol/L 葡萄糖、抗环血酸、氯化钠、硫酸铜、硝酸钾等竞争物质在工作电位为 0.95 V 条件下的电流–时间曲线，评估该方法对日落黄的选择性，结果如图 4-16 所示。由图 4-16 可知，这些竞争物质引起的电流变化不明显，说明该方法对日落黄的测定具有较好的选择性。

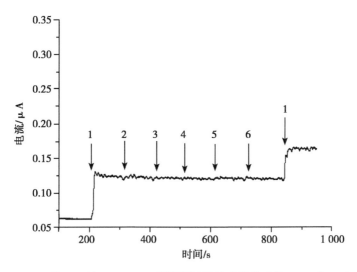

图 4-16　pH 值 3.5 的 0.1 mol/L 磷酸缓冲溶液中依次产生 $5×10^{-6}$ mol/L 的
日落黄和其他潜在干扰物质（图中 1~6 对应的物质依次为日落黄、葡萄糖、
抗环血酸、氯化钠、硫酸铜和硝酸钾）的电流–时间响应图

（7）橙味汽水样品中日落黄浓度的测定

为验证羧基化石墨烯纳米材料修饰的玻碳电极在实际中的可能应用，采用计时电流法对未经任何预处理的橙味汽水样品进行了测定。将 400 倍稀释的橙味汽水样品和不同标准浓度的日落黄依次加入 pH 值 3.5 的 0.1 mol/L 磷酸缓冲溶液中，并记录羧基化石墨烯纳米材料修饰的玻碳电极的电流–时间曲线。经拟合、计算得出 400 倍稀释的橙味汽水样品中日落黄的平均浓度为 0.031 μmol/L（$n=3$）。也就是说，未经稀释的橙味汽水样品中日落黄的平均浓度为 12.4 μmol/L（0.0056 g/kg），远低于我国《食品安全国家标准　食品添加剂使用标准》（GB 2760—2014）规定的最大使用量（0.1 g/kg）[65]。而且，400 倍稀释的橙味汽水样品中日落黄的回收率在 96.4% ~ 100.0%（表 4-3）。这些结果表明，羧基化石墨烯纳米材料修饰的玻碳电极可以成功地应

用于实际样品的分析。

表 4-3 　400 倍稀释的橙味汽水样品中日落黄浓度的检测 （ $n=3$ ）

加入浓度 （μmol/L）	测出浓度 （μmol/L）	回收率 （%）
0.500	0.482	96.4
1.000	1.000	100.0
1.500	1.489	99.3

3. 小结

本研究基于羧基化石墨烯纳米材料修饰的玻碳电极建立了一种新型的电化学检测日落黄方法。研究结果表明，羧基化石墨烯纳米材料修饰的玻碳电极可以增强日落黄的氧化峰电流。最佳的实验条件为工作电位 0.95 V、缓冲溶液 pH 值 3.5。在最佳的实验条件下，日落黄的氧化电流与其浓度在 0.125~105.6 μmol/L 浓度范围内呈线性，检测限为 0.11 μmol/L，响应时间为 4~35 s。本研究建立的方法具有简单、响应时间短、响应范围宽、灵敏度高、选择性和重现性好等优点。此外，该方法还可以成功地应用于无需任何预处理的实际样品中日落黄的检测。

第四节　食品中加工助剂分析

一、食品中加工助剂概述

食品工业用加工助剂是指有助于食品加工能顺利进行添加的各种物质，包括助滤剂、澄清剂、吸附剂、润滑剂、提取溶剂、脱色剂、脱皮剂、脱模剂、发酵用营养物质等，与食品本身无关[3]。加工助剂的使用需要遵循三原则：①加工助剂在食品生产加工过程中使用时应具有工艺必要性，在达到预期目的前提下应该尽可能降低其使用量；②加工助剂一般应该在制成最终产品之前除去，无法完全除去的，应该尽可能降低其残留量，而且其残留量不应对健康产生危害，不应在最终产品中发挥功能作用；③加工助剂应该符合相应的质量规格要求[66]。违背加工助剂使用需要遵循的原则，容易引发食品安全问题。因此，开展对食品中加工助剂的测定对监控食品安全、保护消费者健康是非常必要的。

二、食品中过氧化氢的测定方法研究

过氧化氢水溶液又称双氧水，是一种强氧化剂，具有良好的杀菌、消毒和漂白作用。过氧化氢可以作为加工助剂，广泛用于乳品、果汁、啤酒、饮用水、水产品、水果、蔬菜等食品的无菌包装和防腐保鲜[65,67]。近年来，过氧化氢在食品加工过程中的非法添加及超标使用情况时有发生，国内已经有多起关于食品中过氧化氢超标导致集体中毒事件的报道[68,69]。当食品中残留的过氧化氢进入人体后，会严重危害公众健康，引起恶心、呕吐、腹痛、脑血管栓塞等症状[68-70]。因此，对食品中残留过氧化氢的快速、灵敏、准确检测是我国食品行业发展和食品安全急需解决的关键科技问题。

目前，我国国家标准 GB/T 23499—2009 推荐采用碘量法和钛盐比色法进行食品中残留过氧化氢的测定[71]，这些方法虽然准确度高，但是步骤繁琐、耗费时间长、灵敏度较低，难以实现对样品的快速、灵敏检测。除可以用这两种方法外，国内外研究者还发展了分光光度法、化学发光法、荧光光谱法、色谱法、电化学分析法等多种分析方法进行过氧化氢的传感检测[72,73]。在这些方法中，电化学分析法由于具有简单、价廉、快速、灵敏、准确、选择性好、易于微型化等优点，受到国内外研究者的普遍关注[74-77]。电化学分析法的这些优良性能主要得益于其修饰电极材料的结构。因此，发展具有优良性能结构的新型修饰电极材料对实现食品中残留过氧化氢的快速、灵敏、准确电化学检测是非常必要的。

石墨烯是一种由单层碳原子以六角形蜂巢结构紧密堆积而成的二维碳纳米材料，是近些年快速发展起来的一种新型纳米材料[32,33]。由于具有导电性好、比表面积大等优点，石墨烯纳米材料及其复合材料被广泛用来制作修饰电极材料，构建各种各样的电化学传感器和电化学生物传感器[56,78-80]。

已报道的基于石墨烯纳米材料及其复合材料修饰电极的过氧化氢电化学传感器主要包括酶电化学传感器和非酶电化学传感器两大类[77]。在酶电化学传感器中，将石墨烯纳米材料与酶（如辣根过氧化物酶、过氧化氢酶等）组成的复合材料进行电极的修饰，两者可以协同催化过氧化氢在修饰电极表面的反应，借此实现对过氧化氢的检测[77,81-84]。酶电化学传感器虽然具有优良的选择性和灵敏度，但是存在酶试剂价格昂贵、电极性能容易受酶损失或失活影响等缺陷。为降低电极的制作成本、提高方法的重现性和稳定性，国内外研究者发展了多种非酶电化学传感器[77,85-89]。例如，可以采用石墨烯纳米材料与金属纳米粒子、金属氧化物等复合材料修饰电极，构建非酶电化学传感器进行过氧化氢的检测。

聚间氨基苯硼酸是一种具有硼酸功能基团的导电聚合物，常可以用它结构中的硼酸基团来选择性识别氟离子和二醇类分子[27-29,39,90]。目前，很少有关于聚间氨基苯硼酸修饰电极电催化性能的报道。本研究拟将石墨烯纳米材料与聚间氨基苯硼酸纳米材料结合构建纳米复合材料修饰的金电极，考察该纳米复合材料修饰的金电极对过氧化氢的电催化性能。具体地，基于石墨烯-聚间氨基苯硼酸纳米复合材料修饰的金电极建立一种新型的检测过氧化氢的非酶电化学传感器，旨在为食品中残留过氧化氢的简单、价廉、快速、灵敏、准确和环境友好检测提供一种新方法。首先，通过电化学沉积法和电化学聚合法依次将石墨烯纳米材料和聚间氨基苯硼酸纳米材料修饰到裸金工作电极表面，制得实验所用的石墨烯-聚间氨基苯硼酸纳米复合材料修饰的金电极。然后，将制备的石墨烯-聚间氨基苯硼酸纳米复合材料修饰的金电极置于含有过氧化氢的缓冲溶液中，考察此修饰电极对过氧化氢的电催化还原性能，实现对过氧化氢的检测。

1. 实验及方法

（1）实验材料与仪器

过氧化氢、间氨基苯硼酸、高氯酸锂、磷酸二氢钠、磷酸氢二钠、氢氧化钠、氯化钠、甘氨酸、葡萄糖、草酸、柠檬酸钠、尿酸、抗坏血酸、多巴胺、氯化钙、半胱氨酸等化学试剂均为分析纯试剂，购自上海阿拉丁生化科技股份有限公司。氧化石墨购自南京先丰纳米材料科技有限公司。

0.1 mol/L 磷酸缓冲溶液由磷酸二氢钠和磷酸氢二钠配制而成。采用 0.1 mol/L 磷酸和 0.1 mol/L 氢氧化钠将 0.1 mol/L 磷酸缓冲溶液 pH 值分别调整为 5.0~9.0。

不同浓度过氧化氢溶液（0.01~0.5 mol/L）的支持电解质为不同 pH 值的 0.1 mol/L 磷酸缓冲，现用现配。

3 mg/mL 氧化石墨烯胶体溶液（支持电解质为 0.1 mol/L 高氯酸锂）和 0.04 mol/L 间氨基苯硼酸单体溶液（支持电解质为 0.2 mol/L 盐酸和 0.05 mol/L氯化钠）用于石墨烯-聚间氨基苯硼酸纳米复合材料修饰的金电极的制作。

0.5 mol/L 氯化钠溶液、0.5 mol/L 甘氨酸溶液、0.5 mol/L 葡萄糖溶液、0.5 mol/L 草酸溶液、0.5 mol/L 柠檬酸钠溶液、0.5 mol/L 尿酸溶液、

0.5 mol/L 抗坏血酸溶液、0.5 mol/L 多巴胺溶液、0.5 mol/L 氯化钙溶液和 0.5 mol/L 半胱氨酸溶液的支持电解质均为 pH 值 8.0 的 0.1 mol/L 磷酸缓冲，将它们作为潜在的干扰物质考察石墨烯-聚间氨基苯硼酸纳米复合材料修饰的金电极对过氧化氢测定的选择性。

古城纯牛奶（山西古城乳业集团有限公司）、蒙牛纯牛奶（内蒙古蒙牛乳业股份有限公司）用于样品检测。

实验所用仪器设备包括 Autolab PGSTAT 302N 电化学工作站（Metrohm 瑞士万通中国有限公司），金工作电极、参比溶液为 3 mol/L 氯化钾的银-氯化银参比电极和铂丝对电极组成的三电极系统（上海仙仁仪器仪表有限公司），KX-1990QT 超声波清洗器（北京科玺世纪科技有限公司），PHS-3C 酸度计（上海仪电科学仪器有限公司），78-1 型磁力搅拌器（金坛市鑫鑫实验仪器有限公司）。

（2）石墨烯-聚间氨基苯硼酸纳米复合材料修饰的金电极的制备

参照作者先前报道的电极制作方法制备石墨烯-聚间氨基苯硼酸纳米复合材料修饰的金电极[39,90]，并且将其作为工作电极进行过氧化氢的电化学催化还原检测。

（3）电化学检测过氧化氢方法

将石墨烯-聚间氨基苯硼酸纳米复合材料修饰的金工作电极、银-氯化银参比电极（参比溶液为 3 mol/L 氯化钾）和铂丝对电极与电化学工作站的相应电极夹连接好，并且将这三种电极同时浸入含有某一浓度过氧化氢的磷酸缓冲溶液中，进行过氧化氢的电化学检测。

采用循环伏安法考察过氧化氢在裸金电极和石墨烯-聚间氨基苯硼酸纳米复合材料修饰的金电极上的电化学行为，并且用这种电化学方法研究扫速对石墨烯-聚间氨基苯硼酸纳米复合材料修饰的金电极检测过氧化氢的影响。

采用计时电流法考察测定电位、溶液 pH 值对石墨烯-聚间氨基苯硼酸纳米复合材料修饰的金电极检测过氧化氢的影响。在最适的测定电位、溶液 pH 值条件下对不同浓度的过氧化氢进行检测。即在最适的测定电位、溶液 pH 值时取 50 mL 0.1 mol/L 磷酸缓冲溶液于小烧杯中，将此缓冲溶液作为背景溶液置于磁力搅拌器上，在背景溶液不断搅拌的状态下，待基线走稳后，向背景溶液中依次加入不同浓度、不同体积的过氧化氢浓溶液多次，将在背景溶液中产生不同浓度梯度的过氧化氢，记录和观察这些浓度梯度的过氧化氢在石墨烯-聚间氨基苯硼酸纳米复合材料修饰的金电极上的电化学响应信号（图4-17）。向背景溶液中依次加入的不同浓度、不同体积的过氧化氢浓溶液：添加100 μL 0.05 mol/L过氧化氢溶液5次，添加20 μL 0.5 mol/L过氧化氢溶液5次，添加50 μL 0.5 mol/L过氧化氢溶液7次，添加100 μL 0.5 mol/L过氧化氢溶液5次，每次添加过氧化氢溶液的间隔时间为90 s。

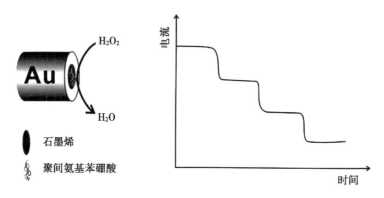

图4-17　石墨烯-聚间氨基苯硼酸纳米复合材料修饰的金电极电化学
检测过氧化氢（H_2O_2）的原理示意图

2. 结果与分析

（1）测定电位的选择

在考察测定电位对过氧化氢检测的影响前，首先，对过氧化氢在裸金电极和石墨烯-聚间氨基苯硼酸纳米复合材料修饰的金电极上的电化学行为进行了测定。然后，根据过氧化氢在石墨烯-聚间氨基苯硼酸纳米复合材料修饰的金电极上的出峰位置附近设置不同的测定电位，采用计时电流法研究了不同的测定电位条件下过氧化氢的电流-时间响应信号，进一步选出最佳的测定电位。

图4-18和图4-19分别为裸金电极和石墨烯-聚间氨基苯硼酸纳米复合材料修饰的金电极在含与不含0.01 mol/L过氧化氢溶液（支持电解质为pH值7.0的0.1 mol/L磷酸缓冲）中的循环伏安图。由图4-18可知，当溶液中不含0.01 mol/L过氧化氢时，在测定的电位窗口范围内，未能在裸金电极上观察到明显的电化学氧化还原峰（图4-18，实线）；而当溶液中含0.01 mol/L过氧化氢时，可以在-0.73 V处观察到一个明显的还原峰且还原峰电流值为-34.3 μA，但在此电位窗口范围内未能观察到相应的氧化峰（图4-18，虚线）。这些结果表明过氧化氢在裸金电极上发生了电化学还原

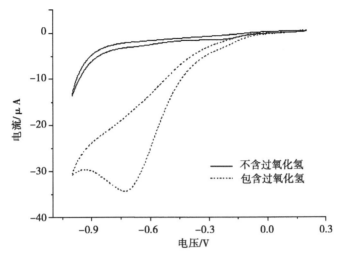

图 4-18 裸金电极在含与不含 0.01 mol/L 过氧化氢溶液（支持电解质为 pH 值 7.0 的 0.1 mol/L 磷酸缓冲）中的循环伏安图（扫速 50 mV/s）

反应，而且此还原反应不可逆。与在裸金电极上得到的电化学信号相比，当溶液中不含 0.01 mol/L 过氧化氢时，在测定的电位窗口范围内，同样未能在石墨烯-聚间氨基苯硼酸纳米复合材料修饰的金电极上观察到明显的电化学氧化还原峰（图 4-19，实线）；当溶液中含 0.01 mol/L 过氧化氢时，可以在石墨烯-聚间氨基苯硼酸纳米复合材料修饰的金电极上观察到一个峰电流更负的还原峰且还原峰电流值为 -43.5 μA（图 4-19，虚线）。过氧化氢的还原峰电流值更负这一结果表明电极表面的石墨烯-聚间氨基苯硼酸纳米复合材料对过氧化氢在修饰电极表面的还原反应存在明显的电化学催化作用。为进一步考察过氧化氢在石墨烯-聚间氨基苯硼酸纳米复合材料修饰的金电极表面发生电化学还原的反应机理，考察了不同扫速对过氧化氢还原峰电流信号的影响（图 4-20）。由图 4-20 可知，随着扫速逐渐从 10 mV/s 增加至 150 mV/s，过氧化氢在石墨烯-聚间氨基苯硼酸纳米复合材料修饰的金电极上的还原峰位置从 -0.76 V 负移动至 -0.85 V，同时其还原峰电流信号不断变得更负。而且，在 10~150 mV/s 扫速范围内，过氧化氢的还原峰电流值 I 与扫速 υ 之间呈现良好的线性关系，线性拟合方程为 I（μA）= $-32.014-0.199\upsilon$（mV/s）（$n=6$，相关系数为 -0.9993，图 4-21）。这些结果表明过氧化氢在石墨烯-聚间氨基苯硼酸纳米复合材料修饰的金电极表面发生的电化学还原反应过程为吸附控制过程。

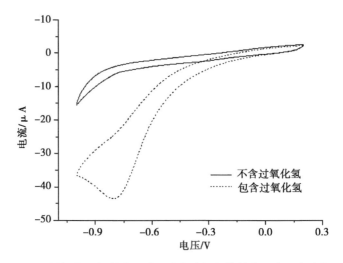

图 4-19 石墨烯-聚间氨基苯硼酸纳米复合材料修饰的金电极在含与不含 0.01 mol/L 过氧化氢溶液（支持电解质为 pH 值 7.0 的 0.1 mol/L 磷酸缓冲）中的循环伏安图（扫速 50 mV/s）

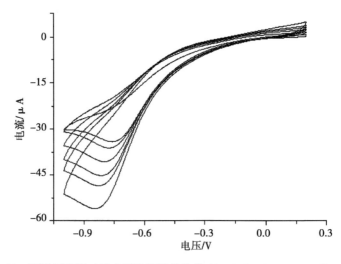

图 4-20 不同扫速下（从内到外扫速依次为 10 mV/s、25 mV/s、50 mV/s、75 mV/s、100 mV/s 和 150 mV/s）石墨烯-聚间氨基苯硼酸纳米复合材料修饰的金电极在 0.01 mol/L 过氧化氢溶液（支持电解质为 pH 值 7.0 的 0.1 mol/L 磷酸缓冲）中的循环伏安图

由上述实验结果可知，过氧化氢在石墨烯-聚间氨基苯硼酸纳米复合材

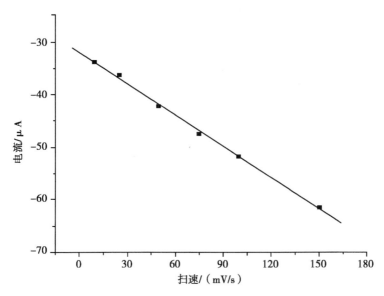

图 4-21　石墨烯-聚间氨基苯硼酸纳米复合材料修饰的金电极在
0.01 mol/L 过氧化氢溶液（支持电解质为 pH 值 7.0 的 0.1 mol/L
磷酸缓冲）中的还原峰电流值随扫速的变化关系图

料修饰的金电极表面发生电化学还原的峰位置在-0.8 V 附近，因此，后续实验将过氧化氢测定电位的影响范围控制在-1.0~-0.6 V。采用计时电流法分别研究了过氧化氢在这些测定电位条件下的电流-时间响应信号，结果如图 4-22 所示。由图 4-22 可知，待背景溶液（pH 值 7.0 的 0.1 mol/L 磷酸缓冲溶液）中的电流信号稳定后，向搅拌的背景溶液中加入过氧化氢浓溶液产生 0.001 mol/L 过氧化氢时，过氧化氢在石墨烯-聚间氨基苯硼酸纳米复合材料修饰的金电极表面的电流信号首先会快速降低，而且在 2~4 s 的时间内快速变得平稳；接着，当再次向搅拌的背景溶液中加入同浓度的过氧化氢浓溶液时，连续重复产生上述电流变化现象。在不同的测定电位条件下，过氧化氢在修饰电极表面产生的电流-时间响应信号均呈现不断降低的变化趋势，但是降低的程度明显不同。采用每次产生 0.001 mol/L 过氧化氢引起的净电流变化值与测定电位作图，结果如图 4-23 所示。由图 4-23 可知，随着测定电位从-0.6 V 不断降低至-1.0 V，加入同浓度的过氧化氢在石墨烯-聚间氨基苯硼酸纳米复合材料修饰的金电极表面产生的净电流值首先不断增大，而且在-0.9 V 处达到最大值，之后发生降低。由于在测定电位-0.9 V 处 0.001 mol/L 过氧化氢引起的净电流变化值最大，所以后续选择

−0.9 V为最佳测定电位进行过氧化氢的检测。

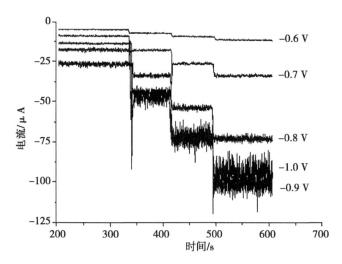

图4-22　不同测定电位条件下 pH 值 7.0 的 0.1 mol/L 磷酸缓冲溶液中
连续产生三次 0.001 mol/L 过氧化氢的电流−时间响应图

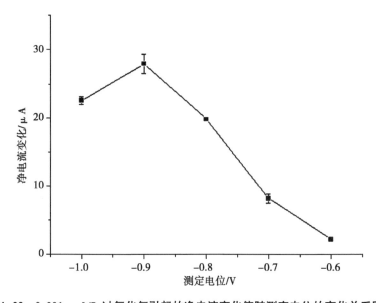

图4-23　0.001 mol/L 过氧化氢引起的净电流变化值随测定电位的变化关系图

（2）溶液 pH 值的选择

采用计时电流法分别研究了过氧化氢在不同 pH 值条件下的电流−时间
响应信号。同样，待背景溶液（不同 pH 值的 0.1 mol/L 磷酸缓冲溶液）中电流信号稳定后，向搅拌的不同 pH 值的背景溶液中加入过氧化氢浓溶液产生 0.001 mol/L 过氧化氢，记录过氧化氢在不同 pH 值条件下的电流-时间响应信号。采用每次产生 0.001 mol/L 过氧化氢引起的净电流变化值与溶液 pH 值作图，结果如图 4-24 所示。由图 4-24 可知，随着溶液 pH 值从 5.0 逐渐增加至 9.0 时，加入同浓度的过氧化氢在石墨烯-聚间氨基苯硼酸纳米复合材料修饰的金电极表面产生的净电流值首先变化不大，之后呈现增加趋势，且在 pH 值 8.0 处达到最大值，而 pH 值大于 8.0 后发生降低。由于溶液 pH 值为 8.0 时引起的净电流变化值最大，所以后续选择 pH 值 8.0 为最佳溶液 pH 值进行过氧化氢的测定。

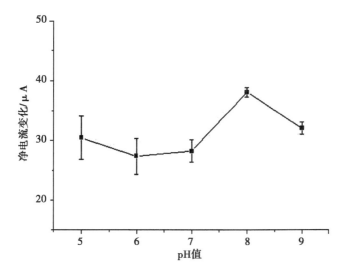

图 4-24　0.001 mol/L 过氧化氢引起的净电流变化值随溶液 pH 值的变化关系图

（3）石墨烯-聚间氨基苯硼酸纳米复合材料修饰的金电极对不同浓度过氧化氢的响应

在最适测定电位-0.9 V 和 pH 值 8.0 条件下，采用计时电流法考察了石墨烯-聚间氨基苯硼酸纳米复合材料修饰的金电极对不同浓度过氧化氢的电化学响应性能。图 4-25 为背景溶液（pH 值 8.0 的 0.1 mol/L 磷酸缓冲溶液）中电流信号稳定后，向搅拌的背景溶液中不断加入不同浓度、不同体积的过氧化氢浓溶液依次产生 0.000 1 mol/L 过氧化氢 5 次、0.000 2 mol/L 过氧化氢 5 次，0.000 5 mol/L 过氧化氢 7 次和 0.001 mol/L 过氧化氢 5 次的电流-时间变化。由图 4-25 可知，随着过氧化氢浓溶液的不断加入，电流信号随着过氧化氢浓度的逐渐增加而不断降低。而且，加入过氧化氢浓溶液

后产生的过氧化氢浓度越大，引起的电流信号降低幅度越明显；即产生
0.000 1 mol/L 过氧化氢引起的电流信号降低幅度最小，产生 0.000 2 mol/L
过氧化氢引起的电流信号降低幅度次之，接着为产生 0.000 5 mol/L 过氧化
氢引起的电流信号降低幅度，而产生 0.001 mol/L 过氧化氢引起的电流信号
降低幅度最大。石墨烯–聚间氨基苯硼酸纳米复合材料修饰的金电极对过氧
化氢的响应时间为 2~4 s。将加入不同浓度过氧化氢产生的电流值 I 与过氧
化氢浓度 c 进行拟合，结果表明两者在 0.000 1~0.01 mol/L 浓度范围内呈现
良好的线性关系，线性拟合方程为 I（μA）= −27.43−40 344.61c（mol/L）
（$n=23$，相关系数为−0.999 7，图4-26）。本方法建立的非酶过氧化氢电化学
传感器对过氧化氢的检出限为 0.000 03 mol/L（信噪比为3）。

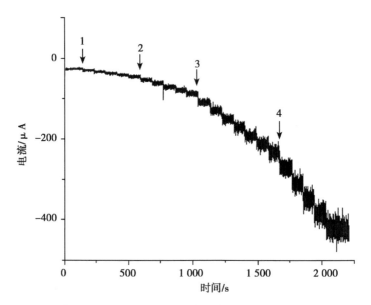

图4-25　pH 值8.0 的0.1 mol/L 磷酸缓冲溶液中连续产生不同浓度过氧化
氢（图中1~4 对应的过氧化氢浓度依次为 0.000 1 mol/L、0.000 2 mol/L、
0.000 5 mol/L 和 0.001 mol/L）的电流–时间响应图

　　表4-4 为已报道的非酶过氧化氢电化学传感器与本研究建立的非酶过
氧化氢电化学传感器在分析性能上的对比。由表4-4 可知，与已报道的非
酶过氧化氢电化学传感器的分析性能相比，本研究建立的非酶过氧化氢电化
学传感器具有较宽的响应范围和较低的检出限，且在响应时间和灵敏度方面
存在非常明显的优势。这些结果表明本研究制作的石墨烯–聚间氨基苯硼酸
纳米复合材料对过氧化氢具有优良的电催化性能。

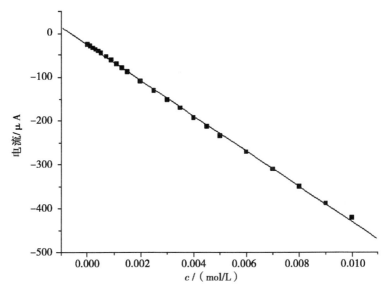

图4-26　电流随过氧化氢浓度的变化关系图

表4-4　已报道的非酶过氧化氢电化学传感器与本研究

建立的传感器在分析性能上的对比

修饰电极材料	响应时间（s）	灵敏度（μA/mol/L）	响应范围（μmol/L）	检出限（μmol/L）	参考文献
石墨烯	4~6	–	0.05~1 500	0.05	[35]
氮掺杂石墨烯	3	–	200~35 000	50	[91]
石墨烯-血红素	5	0.020 17	0.5~400	0.2	[92]
石墨烯-铂纳米	3	0.01	2~710	0.5	[93]
石墨烯-银纳米	3	–	100~60 000	1.80	[94]
石墨烯-氧化亚铜纳米	7	–	300~7 800	20.8	[95]
石墨烯-PEDOT[a]	–	0.023 324	200~3 200	3.2	[96]
石墨烯-聚吡咯-氧化铜	–	0.141 21	100~100 000	0.03	[97]
石墨烯-聚间氨基苯硼酸	2~4	0.040 345	100~10 000	30	本研究

[a]PEDOT：聚（3,4-乙烯二氧噻吩）

（4）选择性

　　采用计时电流法考察了氯化钠、甘氨酸、葡萄糖、草酸、柠檬酸钠、尿酸、抗坏血酸、多巴胺、氯化钙、半胱氨酸等潜在的干扰物质对石墨烯-聚间氨基苯硼酸纳米复合材料修饰的金电极电化学催化检测过氧化氢的影响。

待背景溶液（pH 值 8.0 的 0.1 mol/L 磷酸缓冲溶液）中电流信号稳定后，向搅拌的背景溶液加入相应物质的浓溶液依次产生 0.001 mol/L 过氧化氢、0.001 mol/L 氯化钠、0.001 mol/L 甘氨酸、0.001 mol/L 葡萄糖、0.001 mol/L 草酸、0.001 mol/L 柠檬酸钠、0.001 mol/L 尿酸、0.001 mol/L 抗坏血酸、0.001 mol/L 多巴胺、0.001 mol/L 氯化钙和 0.001 mol/L 半胱氨酸，记录过氧化氢和这些潜在的干扰物质加入后引起的电流信号变化，考察这些潜在的干扰物质对石墨烯–聚间氨基苯硼酸纳米复合材料修饰的金电极检测过氧化氢的影响（图 4-27）。由图 4-27 可知，当向搅拌的背景溶液中加入过氧化氢浓溶液产生 0.001 mol/L 过氧化氢后，电流信号发生明显的降低；之后向搅拌的背景溶液中依次加入相应物质的浓溶液产生同浓度的氯化钠、甘氨酸、葡萄糖、草酸、柠檬酸钠、尿酸、抗坏血酸、多巴胺、氯化钙、半胱氨酸，除加入半胱氨酸可以引起电流信号一定程度的上升外，加入其他潜在的干扰物质引起的电流信号变化基本忽略不计。这些结果表明 0.001 mol/L 的氯化钠、甘氨酸、葡萄糖、草酸、柠檬酸钠、尿酸、抗坏血酸、多巴胺和氯化钙对同浓度过氧化氢检测的影响微乎其微，即石墨烯–聚间氨基苯硼酸纳米复合材料修饰的金电极对过氧化氢具有良好的选择性。

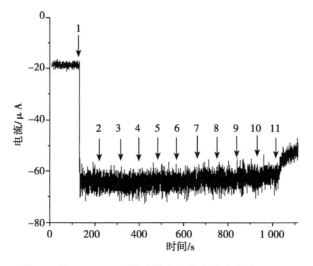

图 4-27　pH 值 8.0 的 0.1 mol/L 磷酸缓冲溶液中依次产生 0.001 mol/L 的过氧化氢和其他潜在干扰物质（图中 1~11 对应的物质依次为过氧化氢、氯化钠、甘氨酸、葡萄糖、草酸、柠檬酸钠、尿酸、抗坏血酸、多巴胺、氯化钙和半胱氨酸）的电流–时间响应图

（5）重现性

采用计时电流法考察了同一和不同石墨烯-聚间氨基苯硼酸纳米复合材料修饰的金电极对过氧化氢检测的重现性。通过对比同一根石墨烯-聚间氨基苯硼酸纳米复合材料修饰的金电极对 0.001 mol/L 过氧化氢（支持电解质为 pH 值 8.0 的 0.1 mol/L 磷酸缓冲）连续测定多次的电流-时间响应，考察同一根修饰电极对过氧化氢检测的重现性。采用同一根石墨烯-聚间氨基苯硼酸纳米复合材料修饰的金电极对 0.001 mol/L 过氧化氢连续测定 5 次，所引起的净电流变化值的相对标准偏差为 3.13%，这表明同一根修饰电极对过氧化氢检测的重现性良好。通过对比采用相同方法制备的几根不同的石墨烯-聚间氨基苯硼酸纳米复合材料修饰的金电极对 0.000 2 mol/L 过氧化氢（支持电解质为 pH 值 8.0 的 0.1 mol/L 磷酸缓冲）平行测定的电流-时间响应图，考察几根不同的修饰电极对过氧化氢检测的重现性及电极制作过程的重现性。采用三根不同的石墨烯-聚间氨基苯硼酸纳米复合材料修饰电极对 0.000 2 mol/L 过氧化氢进行平行测定，引起的净电流变化值的相对标准偏差为 15.80%，这表明采用相同方法制备的不同修饰电极对过氧化氢检测的重现性及该修饰电极制作过程的重现性是可接受的。

（6）牛奶样品中过氧化氢浓度的测定

为验证本研究建立的非酶过氧化氢电化学传感器在实际应用中的可能性，采用标准加入法对古城纯牛奶和蒙牛纯牛奶两种样品中残留的过氧化氢浓度进行检测。在最适检测条件下，待背景溶液（50 mL pH 值 8.0 的 0.1 mol/L 磷酸缓冲溶液）中的电流信号稳定后，向搅拌的背景溶液中依次加入一定体积的牛奶样品和不同浓度、不同体积的过氧化氢浓溶液，记录相应的电流-时间变化。首先添加 100 μL 样品一次，之后依次不断加入不同浓度、不同体积的过氧化氢浓溶液产生 0.000 1 mol/L 过氧化氢 5 次、0.000 5 mol/L 过氧化氢 4 次。根据获得的电流信号与过氧化氢浓度进行拟合，绘制标准曲线，获得标准曲线拟合方程，进一步推算牛奶样品中残留的过氧化氢浓度。经测定，未在古城纯牛奶和蒙牛纯牛奶两种样品中检测出残留的过氧化氢浓度。这可能是由于这两种样品中不存在残留的过氧化氢或残留的过氧化氢浓度低于本研究建立的非酶过氧化氢电化学传感器对过氧化氢的检出限。此外，古城纯牛奶和蒙牛纯牛奶样品的回收率分别为 90.0% ~ 101.3% 和 75.0% ~ 100.7%（表 4-5）。这些结果表明本研究建立的非酶过氧化氢电化学传感器可以成功用于实际样品分析。

表4-5　古城纯牛奶和蒙牛纯牛奶样品中残留的过氧化氢浓度的检测（$n=3$）

样品	加入浓度（mol/L）	测出浓度（mol/L）	回收率（%）
古城纯牛奶	0.000 20	0.000 18	90.0
	0.001 50	0.001 52	101.3
蒙牛纯牛奶	0.000 20	0.000 15	75.0
	0.001 50	0.001 51	100.7

3. 小结

本研究基于石墨烯-聚间氨基苯硼酸纳米复合材料修饰电极建立了一种新型的非酶过氧化氢电化学传感器。实验结果表明：①最佳的实验条件为测定电位-0.9 V、溶液 pH 值 8.0；②在最佳的实验条件下，传感器对过氧化氢浓度的响应范围为 0.000 1~0.01 mol/L，检出限为 0.000 03 mol/L；③传感器的选择性和重现性良好；④将建立的传感器用于古城纯牛奶和蒙牛纯牛奶两种样品中残留的过氧化氢浓度的测定，准确度高。采用电化学沉积法和电化学聚合法制作的石墨烯-聚间氨基苯硼酸纳米复合材料修饰电极具有电极制作步骤简单、电极制作时间短、无需使用酶试剂和有毒有害试剂等特点，有望实现对过氧化氢的简单、价廉、快速、灵敏、准确和环境友好检测。本研究建立的非酶过氧化氢电化学传感器具有操作简单、分析时间短、响应范围宽、灵敏度高、选择性好等优点，有望进一步用于其他食品中过氧化氢含量的检测，为监管食品加工过程中非法添加及超标使用过氧化氢事件提供技术支撑，对保障相关食品的安全具有重要意义。

本章的相关研究工作已经在 *Sensors and Actuators B：Chemical* 杂志上发表[90]。

参考文献

［1］　阚建全. 食品化学（第 2 版）［M］. 北京：中国农业大学出版社，2008.

［2］　王喜波，张英华. 食品分析［M］. 北京：科学出版社，2015.

［3］　郝利平，聂乾忠，陈永泉，等. 食品添加剂（第 2 版）［M］. 北京：中国农业大学出版社，2009.

［4］　张雅珩，周围，李斌. 衍生化毛细管气相色谱法同时测定无糖食

品中的多种糖醇类甜味剂[J]. 分析化学, 2013, 41: 911-916.

[5]　刘琳, 郝鹏飞, 张丽, 等. 高效液相色谱法测定葡萄酒中多种糖醇[J]. 食品研究与开发, 2016, 37: 147-150.

[6]　Ma C, Sun Z, Chen C, et al. Simultaneous separation and determination of fructose, sorbitol, glucose and sucrose in fruits by HPLC-ELSD[J]. Food Chemistry, 2014, 145: 784-788.

[7]　Andersen R, Sørensen A. Separation and determination of alditols and sugars by high-pH anion-exchange chromatography with pulsed amperometric detection[J]. Journal of Chromatography A, 2000, 897: 195-204.

[8]　Tang K T, Liang L N, Cai Y Q, et al. Determination of sugars and sugar alcohols in tobacco feed liquids by high performance anion-exchange and pulsed amperometric detection[J]. Chinese Journal of Analytical Chemistry, 2007, 35: 1274-1278.

[9]　Cataldi T R I, Margiotta G, Zambonin C G. Determination of sugars and alditols in food samples by HPAEC with integrated pulsed amperometric detection using alkaline eluents containing barium or strontium ions[J]. Food Chemistry, 1998, 62: 109-115.

[10]　项萍, 唐喆. 气相色谱-质谱联用法测定植物组织中糖与糖醇[J]. 质谱学报, 2018, 39: 360-365.

[11]　周洪斌, 熊治渝, 李平, 等. 离子色谱-质谱联用法检测食品中的糖醇[J]. 色谱, 2013, 31: 1093-1101.

[12]　Hosseinzadeh R, Mohadjerani M, Pooryousef M. A new selective fluorene-based fluorescent internal charge transfer (ICT) sensor for sugar alcohols in aqueous solution[J]. Analytical & Bioanalytical Chemistry, 2016, 408: 1-8.

[13]　刘亚攀, 陈璐莹, 张静, 等. 毛细管电泳-紫外检测法同时测定食品中的葡萄糖和多种糖醇[J]. 分析试验室, 2014, 33: 1034-1037.

[14]　Xiao Y, Li Y, Ying J, et al. Determination of alditols by capillary electrophoresis with indirect laser-induced fluorescence detection[J]. Food Chemistry, 2015, 174: 233-239.

［15］ Bai J G, Song L H, Zhou W H. Determination of xylitol and sorbitol in sugar－free chewing gums by miniaturized capillary electrophoresis system with amperometric detection［J］. Chinese Journal of Analytical Chemistry, 2007, 35: 1661-1664.

［16］ 钱琛, 杨瑞洪, 黄菲. 基于化学修饰金电极的赤藓糖醇快速检测 ［J］. 理化检验（化学分册）, 2012, 48: 1487-1489.

［17］ Matos J, Proenca L, Lopes M, et al. The electrochemical oxidation of xylitol on Pt(111) in acid medium［J］. Journal of Electroanalytical Chemistry, 2004, 571: 111-117.

［18］ Lourenco A S, Sanches F A C, Magalhaes R R, et al. Electrochemical oxidation and electroanalytical determination of xylitol at a boron－doped diamond electrode［J］. Talanta, 2014, 119: 509-516.

［19］ Matos J P F, Proenca L F A, Lopes M I S, et al. Electrooxidation of xylitol on platinum single crystal electrodes: A voltammetric and in situ FTIRS study［J］. Journal of Electroanalytical Chemistry, 2007, 609: 42-50.

［20］ Shoji E, Freund M S. Potentiometric sensors based on the inductive effect on the pKa of poly(aniline): A nonenzymatic glucose sensor［J］. Journal of the American Chemical Society, 2001, 123: 3383-3384.

［21］ Shoji E, Freund M S. Potentiometric saccharide detection based on the pKa changes of poly(aniline boronic acid)［J］. Journal of the American Chemical Society, 2002, 124: 12486-12493.

［22］ Ma Y, Yang X R. One saccharide sensor based on the complex of the boronic acid and the monosaccharide using electrochemical impedance spectroscopy ［J］. Journal of Electroanalytical Chemistry, 2005, 580: 348-352.

［23］ Li J, Liu L L, Wang P G, et al. Potentiometric detection of saccharides based on highly ordered poly (aniline boronic acid) nanotubes［J］. Electrochimica Acta, 2014, 121: 369-375.

［24］ Lü C, Li H, Wang H, et al. Probing the interactions between boronic acids and cis－diol－containing biomolecules by affinity capillary electrophoresis［J］. Analytical Chemistry, 2013, 85: 2361-2369.

［25］ Badhulika S, Tlili C, Mulchandani A. Poly（3-aminophenylboronic acid）-functionalized carbon nanotubes-based chemiresistive sensors for detection of sugars［J］. Analyst, 2014, 139: 3077-3082.

［26］ Deore B A, Braun M D, Freund M S. pH dependent equilibria of poly-（anilineboronic acid）-saccharide complexation in thin films［J］. Macromolecular Chemistry and Physics, 2006, 207: 660-664.

［27］ Zhou Y L, Dong H, Liu L T, et al. A novel potentiometric sensor based on a poly（anilineboronic acid）/graphene modified electrode for probing sialic acid through boronic acid-diol recognition［J］. Biosensors & Bioelectronics, 2014, 60: 231-236.

［28］ Plesu N, Kellenberger A, Taranu I, et al. Impedimetric detection of dopamine on poly（3-aminophenylboronic acid）modified skeleton nickel electrodes［J］. Reactive & Functional Polymers, 2013, 73: 772-778.

［29］ Wang J Y, Chou T C, Chen L C, et al. Using poly（3-aminophenylboronic acid）thin film with binding-induced ion flux blocking for amperometric detection of hemoglobin A1c［J］. Biosensors & Bioelectronics, 2015, 63: 317-324.

［30］ Ciftci H, Oztekin Y, Tamer U, et al. Development of poly（3-aminophenylboronic acid）modified graphite rod electrode suitable for fluoride determination［J］. Talanta, 2014, 126: 202-207.

［31］ Ciftci H, Tamer U. Electrochemical determination of iodide by poly-（3-aminophenylboronic acid）film electrode at moderately low pH ranges［J］. Analytica Chimica Acta, 2011, 687: 137-140.

［32］ Novoselov K S, Geim A K, Morozov S V, et al. Electric field effect in atomically thin carbon films［J］. Science, 2004, 306: 666-669.

［33］ Geim A K, Novoselov K S. The rise of graphene［J］. Nature Materials, 2007, 6: 183-191.

［34］ Shan C S, Yang H F, Song J F, et al. Direct electrochemistry of glucose oxidase and biosensing for glucose based on graphene［J］. Analytical Chemistry, 2009, 81: 2378-2382.

［35］ Zhou M, Zhai Y M, Dong S J. Electrochemical sensing and biosensing platform based on chemically reduced graphene oxide [J]. Analytical Chemistry, 2009, 81: 5603-5613.

[36] Mahmoudi T, Wang Y, Hahn Y-B. Graphene and its derivatives for solar cells application[J]. Nano Energy, 2018, 47: 51-65.

[37] Chen Y, Wang J, Liu Z-M. Graphene and its derivative-based bio-sensing systems[J]. Chinese Journal of Analytical Chemistry, 2012, 40: 1772-1779.

[38] Zhao H, Ding R, Zhao X, et al. Graphene-based nanomaterials for drug and/or gene delivery, bioimaging, and tissue engineering[J]. Drug Discovery Today, 2017, 22: 1302-1317.

[39] Wu S, Han T, Guo J, et al. Poly(3-aminophenylboronic acid)-reduced graphene oxide nanocomposite modified electrode for ultra-sensitive electrochemical detection of fluoride with a wide response range [J]. Sensors and Actuators B: Chemical, 2015, 220: 1305-1310.

[40] Gan T, Sun J Y, Meng W, et al. Electrochemical sensor based on graphene and mesoporous TiO_2 for the simultaneous determination of trace colourants in food [J]. Food Chemistry, 2013, 141: 3731-3737.

[41] Vidotti E C, Costa W F, Oliveira C C. Development of a green chro-matographic method for determination of colorants in food samples[J]. Talanta, 2006, 68: 516-521.

[42] Bonan S, Fedrizzi G, Menotta S, et al. Simultaneous determination of synthetic dyes in foodstuffs and beverages by high-performance liquid chromatography coupled with diode-array detector [J]. Dyes and Pigments, 2013, 99: 36-40.

[43] de Andrade F I, Guedes M I F, Vieira I G P, et al. Determination of synthetic food dyes in commercial soft drinks by TLC and ion-pair HPLC[J]. Food Chemistry, 2014, 157: 193-198.

[44] Kucharska M, Grabka J. A review of chromatographic methods for determination of synthetic food dyes [J]. Talanta, 2010, 80: 1045-1051.

[45] Alves S P, Brum D M, Branco de Andrade É C, et al. Determination of synthetic dyes in selected foodstuffs by high performance liquid chromatography with UV‐DAD detection [J]. Food Chemistry, 2008, 107: 489-496.

[46] Martin F, Oberson J M, Meschiari M, et al. Determination of 18 water‐soluble artificial dyes by LC‐MS in selected matrices [J]. Food Chemistry, 2016, 197: 1249-1255.

[47] Llamas N E, Garrido M, Di Nezio M S, et al. Second order advantage in the determination of amaranth, sunset yellow FCF and tartrazine by UV‐vis and multivariate curve resolution‐alternating least squares[J]. Analytica Chimica Acta, 2009, 655: 38-42.

[48] Yuan Y S, Zhao X, Qiao M, et al. Determination of sunset yellow in soft drinks based on fluorescence quenching of carbon dots[J]. Spectrochimica Acta Part A: Molecular and Biomolecular Spectroscopy, 2016, 167: 106-110.

[49] Rodriguez J A, Ibarra I S, Miranda J M, et al. Magnetic solid phase extraction based on fullerene and activated carbon adsorbents for determination of azo dyes in water samples by capillary electrophoresis[J]. Analytical Methods, 2016, 8: 8466-8473.

[50] Yi J, Zeng L W, Wu Q Y, et al. Sensitive simultaneous determination of synthetic food colorants in preserved fruit samples by capillary electrophoresis with contactless conductivity detection[J]. Food Analytical Methods, 2018, 11: 1608-1618.

[51] Yin Z Z, Cheng S W, Xu L B, et al. Highly sensitive and selective sensor for sunset yellow based on molecularly imprinted polydopamine‐coated multi‐walled carbon nanotubes[J]. Biosensors & Bioelectronics, 2018, 100: 565-570.

[52] Ghoreishi S M, Behpour M, Golestaneh M. Simultaneous determination of Sunset yellow and Tartrazine in soft drinks using gold nanoparticles carbon paste electrode [J]. Food Chemistry, 2012, 132: 637-641.

[53] Sierra‐Rosales P, Toledo‐Neira C, Squella J A. Electrochemical

determination of food colorants in soft drinks using MWCNT-modified GCEs [J]. Sensors and Actuators B: Chemical, 2017, 240: 1257–1264.

[54] Arvand M, Zamani M, Ardaki M S. Rapid electrochemical synthesis of molecularly imprinted polymers on functionalized multi-walled carbon nanotubes for selective recognition of sunset yellow in food samples[J]. Sensors and Actuators B: Chemical, 2017, 243: 927–939.

[55] Pumera M, Ambrosi A, Bonanni A, et al. Graphene for electrochemical sensing and biosensing [J]. TrAC Trends in Analytical Chemistry, 2010, 29: 954–965.

[56] Chen D, Tang L H, Li J H. Graphene-based materials in electrochemistry [J]. Chemical Society Reviews, 2010, 39: 3157–3180.

[57] Lu L. Recent advances in synthesis of three-dimensional porous graphene and its applications in construction of electrochemical (bio)sensors for small biomolecules detection[J]. Biosensors & Bioelectronics, 2018, 110: 180–192.

[58] Jampasa S, Siangproh W, Duangmal K, et al. Electrochemically reduced graphene oxide-modified screen-printed carbon electrodes for a simple and highly sensitive electrochemical detection of synthetic colorants in beverages[J]. Talanta, 2016, 160: 113–124.

[59] Pogacean F, Coros M, Mirel V, et al. Graphene-based materials produced by graphite electrochemical exfoliation in acidic solutions: Application to Sunset Yellow voltammetric detection[J]. Microchemical Journal, 2019, 147: 112–120.

[60] Magerusan L, Pogacean F, Coros M, et al. Green methodology for the preparation of chitosan/graphene nanomaterial through electrochemical exfoliation and its applicability in Sunset Yellow detection[J]. Electrochimica Acta, 2018, 283: 578–589.

[61] Gan T, Sun J Y, Cao S Q, et al. One-step electrochemical approach for the preparation of graphene wrapped-phosphotungstic acid hybrid and its application for simultaneous determination of sunset yellow and tartrazine[J]. Electrochimica Acta, 2012, 74: 151–157.

[62] Qiu X L, Lu L M, Leng J, et al. An enhanced electrochemical platform based on graphene oxide and multi-walled carbon nanotubes nanocomposite for sensitive determination of Sunset Yellow and Tartrazine[J]. Food Chemistry, 2016, 190: 889-895.

[63] Ye X L, Du Y L, Lu D B, et al. Fabrication of β-cyclodextrin-coated poly(diallyldimethylammonium chloride)-functionalized graphene composite film modified glassy carbon-rotating disk electrode and its application for simultaneous electrochemical determination colorants of sunset yellow and tartrazine[J]. Analytica Chimica Acta, 2013, 779: 22-34.

[64] 郭红媛, 魏苗苗, 吴锁柱, 等. 电沉积羧基化石墨烯修饰的玻碳电极电化学检测镉离子[J]. 山西农业大学学报（自然科学版）, 2018, 38: 69-72.

[65] 中华人民共和国国家质量监督检验检疫总局, 中国国家标准化管理委员会. 食品安全国家标准　食品添加剂使用标准: GB 2760—2014[S]. 北京: 中国标准出版社, 2015: 5.

[66] 食品工业科技. 什么是食品工业用加工助剂? [EB/OL]. http://www.spgykj.com/newsshow.php?id=12239.

[67] 张平均. 食品级过氧化氢的消毒特性及其在食品行业中的应用[J]. 中国乳品工业, 2005, 33: 47-50.

[68] 张之伦, 张耀亭, 白世基, 等. 灭菌乳中污染过氧化氢所致食物中毒的证实[J]. 中华流行病学杂志, 2004, 25: 765-765.

[69] 江国虹, 杨溢, 白世基, 等. 一起过氧化氢污染学生奶事件的调查报告[J]. 中华预防医学杂志, 2003, 37: 391-391.

[70] 刘永刚, 刘福兴, 赵小妹, 等. 过氧化氢中毒致脑栓塞一例[J]. 中国脑血管病杂志, 2006, 3: 335-336.

[71] 中华人民共和国国家质量监督检验检疫总局, 中国国家标准化管理委员会. 食品中残留过氧的测定方法: GB/T 23499—2009[S]. 北京: 中国标准出版社, 2009: 6.

[72] 许淑芬, 郑展望, 徐甦. 国内外液相过氧化氢的测定方法及其进展[J]. 中国安全科学学报, 2007, 17: 166-170.

[73] Ping J F, Wu J, Fan K, et al. An amperometric sensor based on

Prussian blue and poly(o-phenylenediamine) modified glassy carbon electrode for the determination of hydrogen peroxide in beverages[J]. Food Chemistry, 2011, 126: 2005-2009.

[74] Chen S, Yuan R, Chai Y, et al. Electrochemical sensing of hydrogen peroxide using metal nanoparticles: a review[J]. Microchimica Acta, 2013, 180: 15-32.

[75] Chen W, Cai S, Ren Q Q, et al. Recent advances in electrochemical sensing for hydrogen peroxide: A review [J]. Analyst, 2012, 137: 49-58.

[76] Chen X, Wu G, Cai Z, et al. Advances in enzyme-free electrochemical sensors for hydrogen peroxide, glucose, and uric acid[J]. Microchimica Acta, 2014, 181: 689-705.

[77] Zhang R Z, Chen W. Recent advances in graphene-based nanomaterials for fabricating electrochemical hydrogen peroxide sensors[J]. Biosensors & Bioelectronics, 2017, 89: 249-268.

[78] Shao Y, Wang J, Wu H, et al. Graphene based electrochemical sensors and biosensors: A review[J]. Electroanalysis, 2010, 22: 1027-1036.

[79] Bahadır E B, Sezgintürk M K. Applications of graphene in electrochemical sensing and biosensing [J]. TrAC Trends in Analytical Chemistry, 2016, 76: 1-14.

[80] Vashist S K, Luong J H T. Recent advances in electrochemical biosensing schemes using graphene and graphene-based nanocomposites[J]. Carbon, 2015, 84: 519-550.

[81] Zeng Q O, Cheng J S, Tang L H, et al. Self-assembled graphene-enzyme hierarchical nanostructures for electrochemical biosensing[J]. Advanced Functional Materials, 2010, 20: 3366-3372.

[82] Fan Z J, Lin Q Q, Gong P W, et al. A new enzymatic immobilization carrier based on graphene capsule for hydrogen peroxide biosensors[J]. Electrochimica Acta, 2015, 151: 186-194.

[83] Huang K J, Niu D J, Liu X, et al. Direct electrochemistry of catalase at amine-functionalized graphene/gold nanoparticles composite film for

hydrogen peroxide sensor [J]. Electrochimica Acta, 2011, 56: 2947-2953.

[84] Liu Y D, Liu X H, Guo Z P, et al. Horseradish peroxidase supported on porous graphene as a novel sensing platform for detection of hydrogen peroxide in living cells sensitively [J]. Biosensors & Bioelectronics, 2017, 87: 101-107.

[85] Tajabadi M T, Basirun W J, Lorestani F, et al. Nitrogen-doped graphene-silver nanodendrites for the non-enzymatic detection of hydrogen peroxide[J]. Electrochimica Acta, 2015, 151: 126-133.

[86] Liu J B, Yang C, Shang Y H, et al. Preparation of a nanocomposite material consisting of cuprous oxide, polyaniline and reduced graphene oxide, and its application to the electrochemical determination of hydrogen peroxide[J]. Microchimica Acta, 2018, 185.

[87] Antink W H, Choi Y, Seong K D, et al. Simple synthesis of CuO/Ag nanocomposite electrode using precursor ink for non-enzymatic electrochemical hydrogen peroxide sensing[J]. Sensors and Actuators B: Chemical, 2018, 255: 1995-2001.

[88] Yusoff N, Rameshkumar P, Mehmood M S, et al. Ternary nanohybrid of reduced graphene oxide-nafion@silver nanoparticles for boosting the sensor performance in non-enzymatic amperometric detection of hydrogen peroxide[J]. Biosensors & Bioelectronics, 2017, 87: 1020-1028.

[89] Yang X, Ouyang Y J, Wu F, et al. Size controllable preparation of gold nanoparticles loading on graphene sheets@cerium oxide nanocomposites modified gold electrode for nonenzymatic hydrogen peroxide detection[J]. Sensors and Actuators B: Chemical, 2017, 238: 40-47.

[90] Wu S, Guo H, Wang L, et al. An ultrasensitive electrochemical biosensing platform for fructose and xylitol based on boronic acid-diol recognition[J]. Sensors and Actuators B: Chemical, 2017, 245: 11-17.

[91] Cai Z X, Song X H, Chen Y Y, et al. 3D nitrogen-doped graphene aer-

ogel: A low-cost, facile prepared direct electrode for H_2O_2 sensing[J].
Sensors and Actuators B: Chemical, 2016, 222: 567-573.

[92] Guo Y, Jing L, Dong S. Hemin functionalized graphene nanosheets-
based dual biosensor platforms for hydrogen peroxide and glucose[J].
Sensors and Actuators B: Chemical, 2011, 160: 295-300.

[93] Xu F, Sun Y, Zhang Y, et al. Graphene-Pt nanocomposite for non-
enzymatic detection of hydrogen peroxide with enhanced sensitivity[J].
Electrochemistry Communications, 2011, 13: 1131-1134.

[94] Qin X, Luo Y, Lu W, et al. One-step synthesis of Ag nanoparticles-
decorated reduced graphene oxide and their application for H_2O_2
detection[J]. Electrochimica Acta, 2012, 79: 46-51.

[95] Liu M, Liu R, Chen W. Graphene wrapped Cu_2O nanocubes: Non-
enzymatic electrochemical sensors for the detection of glucose and hy-
drogen peroxide with enhanced stability[J]. Biosensors & Bioelectron-
ics, 2013, 45: 206-212.

[96] Huang T Y, Kung C W, Wang J Y, et al. Graphene nanosheets/
poly(3,4-ethylenedioxythiophene) nanotubes composite materials for
electrochemical biosensing applications [J]. Electrochimica Acta,
2015, 172: 61-70.

[97] Nia P M, Meng W P, Lorestani F, et al. Electrodeposition of copper
oxide/polypyrrole/reduced graphene oxide as a nonenzymatic glucose
biosensor [J]. Sensors and Actuators B: Chemical, 2015, 209:
100-108.

第五章　结论与展望

第一节　结　论

　　石墨烯是近年来快速发展起来的一种新型的二维碳纳米材料[1,2]。由于具有比表面积高、导电性好、易于功能化等优点，石墨烯纳米材料被广泛用来设计制作化学修饰电极并且用于构建各种不同类型的电化学传感器和电化学生物传感器[3-17]。本研究主要基于石墨烯纳米材料修饰电极、羧基化石墨烯纳米材料修饰电极、石墨烯-聚间氨基苯硼酸纳米复合材料修饰电极、羧基化石墨烯-铋膜纳米复合材料修饰电极构建新型的电化学传感器。在此基础上，将建立的上述电化学传感器用于食品中营养成分、有毒有害物质、添加剂等的分析检测。其中，测定的食品中营养成分主要包括矿物质元素中的碘元素和氟元素、糖类物质中的果糖和葡萄糖等；分析的食品中有毒有害物质主要涉及重金属元素中的镉元素和铅元素、兽药中的磺胺二甲基嘧啶等；检测的食品中添加剂主要有甜味剂中的木糖醇、甘露糖醇和山梨糖醇，着色剂中的日落黄，加工助剂中的过氧化氢等。展开的具体研究工作有以下九个方面：

　　第一，采用一步电化学沉积法制作石墨烯纳米材料修饰的金电极，并基于此化学修饰电极建立了一种电化学检测碘离子的新方法。考察了电极浸泡时间、溶液 pH 值等因素对碘离子测定的影响。在最佳的实验条件下，将建立的电化学检测碘离子方法用于食盐中碘元素含量的测定。实验结果表明本研究建立的方法可以成功用于实际样品中碘元素含量的快速、灵敏、准确测定。

　　第二，采用两步电化学法（电化学沉积法和电化学聚合法）制备石墨烯-聚间氨基苯硼酸纳米复合材料修饰的金电极，并基于此化学修饰电极建立了一种电化学检测氟离子的新方法。首先，采用扫描电子显微镜和电化学法分别对制备的化学修饰电极进行表征，考察其表面形貌特征及在不同电解质溶液中的电化学行为。然后，考察了石墨烯沉积电位、石墨烯沉积时间、间氨基苯硼酸单体的聚合圈数、电极浸泡时间、溶液 pH 值等因素对氟离子检测的影响。在最佳的实验条件下，将建立的电化学检测氟离子方法用于水样中氟元素含量的测定。实验结果表明本研究制得的石墨烯-聚间氨基苯硼酸纳米复合材料修饰的金电极具有高的比表面积和良好的导电性；本研究建立的方法对氟离子浓度的响应范围为 $1 \times 10^{-10} \sim 1 \times 10^{-1}$ mol/L，检出限为 9×10^{-11} mol/L，其检出限较传统的氟离子选择性电极灵敏约一万倍；进一步将建立的方法用于井水和矿泉水两种水样中氟离子浓度的测定，准确度高。本研究建立的方法有望进一步用于其他食品中氟元素含量的检测，对预防龋齿和地方性氟病等疾病的发生具有重要意义。

第三，本研究基于石墨烯-聚间氨基苯硼酸纳米复合材料修饰的金电极建立了一种电化学检测果糖和葡萄糖的新方法。利用硼酸-二醇识别作用将此化学修饰电极用于糖类物质的检测。考察了方波伏安法参数、铁氰化钾探针 $Fe(CN)_6^{3-}$ 等因素对糖类物质检测的影响。在最佳的实验条件下，建立的方法对果糖和葡萄糖浓度的响应范围分别为 $1 \times 10^{-12} \sim 1 \times 10^{-2}$ mol/L 和 $1 \times 10^{-14} \sim 1 \times 10^{-3}$ mol/L，检出限分别为 1×10^{-12} mol/L 和 8×10^{-16} mol/L。与已报道的电化学检测果糖和葡萄糖方法相比，本研究建立的方法在响应范围和检出限方面存在显著的优势。本研究建立的方法有望用于食品中糖类物质含量的检测，对食品分析、临床诊断、医药行业产品质量控制等领域具有重要的意义。

第四，采用一步电化学沉积法制作羧基化石墨烯纳米材料修饰的玻碳电极，并基于此化学修饰电极建立了一种电化学检测镉离子的新方法。首先，采用电化学方法、扫描电子显微镜、能量色散 X 射线谱对制备的化学修饰电极进行表征，考察其在电解质溶液中的电化学行为、表面形貌特征及化学元素组成。然后，研究了缓冲溶液 pH 值、镉离子的沉积时间及沉积电位等条件对镉离子测定的影响。在最佳的检测条件下，采用方波伏安法考察了该方法对镉离子的响应性能并将其用于水样中镉离子含量的测定。实验结果表明本研究建立的方法具有电极制作简单、线性范围宽、灵敏度高、重现性好、选择性高等优点，有望进一步用于水样及其他含镉样品中镉元素含量的测定。

第五，基于电化学沉积羧基化石墨烯-铋膜纳米复合材料修饰的玻碳电极建立了一种电化学检测铅离子的新方法。首先，对实验的影响因素如铋离子浓度、缓冲溶液 pH 值、镉离子的沉积时间及沉积电位等进行考察。然后，在最适宜的条件下，采用方波伏安法研究了该修饰电极对铅离子的响应性能，进一步将该方法用于水样中铅元素含量的检测。实验结果表明本研究建立的方法具有步骤简单、使用方便、检测快速、线性范围宽、选择性高，有望在食品检验、环境分析等领域实现应用。

第六，采用滴涂法或电化学沉积法制得石墨烯纳米材料修饰的玻碳电极，并基于此化学修饰电极构建了一种电化学检测磺胺二甲基嘧啶的新方法。首先，考察了氧化石墨烯胶体溶液的滴涂体积、支持电解质的种类、溶液 pH 值、化学修饰电极的制作方法等因素对磺胺二甲基嘧啶检测的影响。然后，在最佳的实验条件下，采用计时电流法研究了该修饰电极对磺胺二甲基嘧啶的响应性能，进一步将该方法用于猪饲料中磺胺二甲基嘧啶含量的测定。实验结果表明本研究建立的方法具有简单、快速、灵敏、响应范围宽等优点，有望应用于其他实际样品中磺胺二甲基嘧啶兽药残留含量的检测。

第七，本研究基于石墨烯-聚间氨基苯硼酸纳米复合材料修饰的金电极建立了一种电化学检测糖醇的新方法。利用硼酸-二醇识别作用将此化学修饰电极用于木糖醇、甘露糖醇和山梨糖醇的检测。实验结果表明建立的方法对木糖醇、甘露糖醇和山梨糖醇浓度的响应范围分别为 $1\times10^{-12}\sim1\times10^{-2}$ mol/L、$1\times10^{-11}\sim1\times10^{-2}$ mol/L 和 $1\times10^{-12}\sim1\times10^{-3}$ mol/L，检出限分别为 6×10^{-13} mol/L、3×10^{-12} mol/L 和 7×10^{-14} mol/L。在此基础上，将建立的方法用于益达木糖醇无糖口香糖样品中木糖醇含量的测定，结果满意。本研究有望进一步用于其他食品中糖醇含量的检测，对食品分析、医药行业产品质量控制等领域具有重要的意义。

第八，基于羧基化石墨烯纳米材料修饰的玻碳电极建立了一种电化学检测日落黄的新方法。首先，优化了工作电位、溶液 pH 值等因素对此化学修饰电极测定日落黄性能的影响。然后，在最佳的实验条件下，采用计时电流法考察了该修饰电极对日落黄的响应性能，进一步将该方法用于橙味汽水样品中日落黄含量的测定。实验结果表明羧基化石墨烯纳米材料修饰的玻碳电极可以增强日落黄的氧化峰电流，建立的方法对日落黄的响应范围为 $0.125\sim105.6$ μmol/L，检测限为 0.11 μmol/L，响应时间为 $4\sim35$ s。本研究建立的方法可以成功地应用于无需任何预处理的实际样品中日落黄的检测。

第九，基于石墨烯–聚间氨基苯硼酸纳米复合材料修饰的金电极构建新型的非酶过氧化氢电化学传感器。首先，考察了测定电位、溶液 pH 值等因素对过氧化氢测定的影响。然后，研究了该传感器对过氧化氢的电化学响应性能，进一步将其用于牛奶样品中残留的过氧化氢浓度的快速、准确测定。本研究建立的非酶过氧化氢电化学传感器具有操作简单、分析时间短、响应范围宽、灵敏度高、选择性好等优点，有望进一步用于其他食品中过氧化氢含量的检测，为监管食品加工过程中非法添加及超标使用过氧化氢事件提供技术支撑，对保障相关食品的安全具有重要意义。

第二节　展　望

石墨烯纳米材料修饰电极是电分析化学领域的研究热点。随着时间的推移以及纳米科学和纳米技术的蓬勃发展，势必为基于石墨烯纳米材料修饰电极的食品分析研究注入新的活力，进一步推动其快速发展。对于其今后的发展，可以围绕以下五个方面展开：

第一，继续制作性能优良的新型石墨烯纳米材料修饰电极。例如，可以开展石墨烯与金属纳米颗粒、金属氧化物、碳纳米管、导电聚合物、酶、DNA、抗原/抗体等各种材料的多元纳米复合材料修饰电极的研究，利用各种材料之间更强的协同催化、吸附、分子识别等效应实现对食品成分的快速、灵敏、准确检测。

第二，开展基于石墨烯纳米材料修饰电极的食品电化学分析技术与其他分离分析技术的联用研究。食品是化学组成非常复杂的物质系统，可能包括水、矿物质元素、蛋白质、糖、脂肪、维生素、色素、激素、添加剂、污染物质等成分。因此，迫切需要发展针对食品中多组分分离、检测分析的联用技术。可以开展石墨烯纳米材料修饰电极的食品电化学分析技术与流动注射分析技术、固相（微）萃取技术、膜分离技术、色谱技术、光谱技术等的联用研究。

第三，拓宽现有石墨烯纳米材料修饰电极在新开发的食品资源中的应用。随着科技的不断进步和食品工业的快速发展，会有越来越多的各种新型食品资源被开发出来，以满足人们日益提高的生活需要。研究新开发食品资源中的营养成分、色香味成分、有毒有害物质等的组成及含量显得尤为重要。可以利用现有的石墨烯纳米材料修饰电极对新开发食品资源中的营养成分、有毒有害物质等进行检测。

第四，扩展现有石墨烯纳米材料修饰电极在新研发的食品添加剂中的应用。随着人们对食品的色、香、味、新鲜度、品种等方面要求的不断提高，天然食品已经无法满足大众消费者的需求，必须加工出更多、更好的新型食品来满足人们的需要，而最方便、经济、有效的途径就是使用食品添加剂。可以说，没有食品添加剂就没有现代食品工业。食品添加剂首先应是安全的，其次才是具有改善食品品质和安全性的作用。新研发的食品添加剂需要进行安全性评价、制定其使用标准后方可以应用到食品生产、加工、储藏等过程中。可以利用现有的石墨烯纳米材料修饰电极对新研发的食品添加剂进行安全性评估。

第五，开展基于石墨烯纳米材料修饰电极的食品电化学分析技术的微型化、集成化、便携式研究。民以食为天，食以安为先。随着生活水平的不断提高，大众消费者对吃得安全、吃得健康的呼声越来越高，人民政府对食品安全问题也越来越重视。为保障食品安全，需要发展多种检测技术对食品中有毒有害物质进行检测。其中，微型化、集成化、便携式的食品安全现场快速检测技术备受青睐，不但实验室人员和政府监督管理人员可以现场使用，而且有的检测技术普通老百姓也可以运用自如。电化学分析技术由于具备成熟的微加工技术，非常适合用来构建微型化、集成化、便携式的微全分析系统。可以利用成熟的微加工技术将基于石墨烯纳米材料修饰电极的食品电化学分析技术微型化、集成化，开发出便携式的食品安全现场快速检测设备和装置。

参考文献

[1]　Novoselov K S, Geim A K, Morozov S V, et al. Electric field effect in atomically thin carbon films[J]. Science, 2004, 306: 666-669.

[2]　Geim A K, Novoselov K S. The rise of graphene[J]. Nature Materials, 2007, 6: 183-191.

[3]　Pumera M. Graphene-based nanomaterials and their electrochemistry[J]. Chemical Society Reviews, 2010, 39: 4146-4157.

[4]　Shao Y, Wang J, Wu H, et al. Graphene based electrochemical sensors and biosensors: A review[J]. Electroanalysis, 2010, 22: 1027-1036.

[5]　Zhang R Z, Chen W. Recent advances in graphene-based nanomaterials for fabricating electrochemical hydrogen peroxide sensors[J]. Biosensors

& Bioelectronics, 2017, 89: 249-268.

[6] Pumera M, Ambrosi A, Bonanni A, et al. Graphene for electrochemical sensing and biosensing[J]. TrAC Trends in Analytical Chemistry, 2010, 29: 954-965.

[7] Chen Y, Wang J, Liu Z M. Graphene and its derivative-based biosensing systems[J]. Chinese Journal of Analytical Chemistry, 2012, 40: 1772-1779.

[8] Huang X, Zeng Z Y, Fan Z X, et al. Graphene-based electrodes[J]. Advanced Materials, 2012, 24: 5979-6004.

[9] Wu S, He Q, Tan C, et al. Graphene-based electrochemical sensors[J]. Small, 2013, 9: 1160-1172.

[10] Kumar G G, Amala G, Gowtham S M. Recent advancements, key challenges and solutions in non-enzymatic electrochemical glucose sensors based on graphene platforms[J]. Rsc Advances, 2017, 7: 36949-36976.

[11] Lu L. Recent advances in synthesis of three-dimensional porous graphene and its applications in construction of electrochemical (bio)-sensors for small biomolecules detection[J]. Biosensors & Bioelectronics, 2018, 110: 180-192.

[12] 陈婷, 田亮亮, 张进. 基于石墨烯电化学传感器的研究进展[J]. 材料导报, 2014, 28: 17-22, 41.

[13] 于小雯, 盛凯旋, 陈骥, 等. 基于石墨烯修饰电极的电化学生物传感[J]. 化学学报, 2014, 72: 319-332.

[14] 饶红红, 薛中华, 王雪梅, 等. 基于电化学还原氧化石墨烯的电化学传感[J]. 化学进展, 2016, 28: 337-352.

[15] 刘晓鹏, 贺全国, 刘军, 等. 石墨烯复合材料在电化学检测食品中亚硝酸盐的研究进展[J]. 食品科学, 2018, 39: 337-345.

[16] Chang J, Zhou G, Christensen E R, et al. Graphene-based sensors for detection of heavy metals in water: a review[J]. Analytical and Bioanalytical Chemistry, 2014, 406: 3957-3975.

[17] 薄乐, 陈宏, 何蒙, 等. 石墨烯在食品分析中应用的研究进展[J]. 食品工业科技, 2014, 35: 395-399.